AF173745

Selber denken kostet nichts

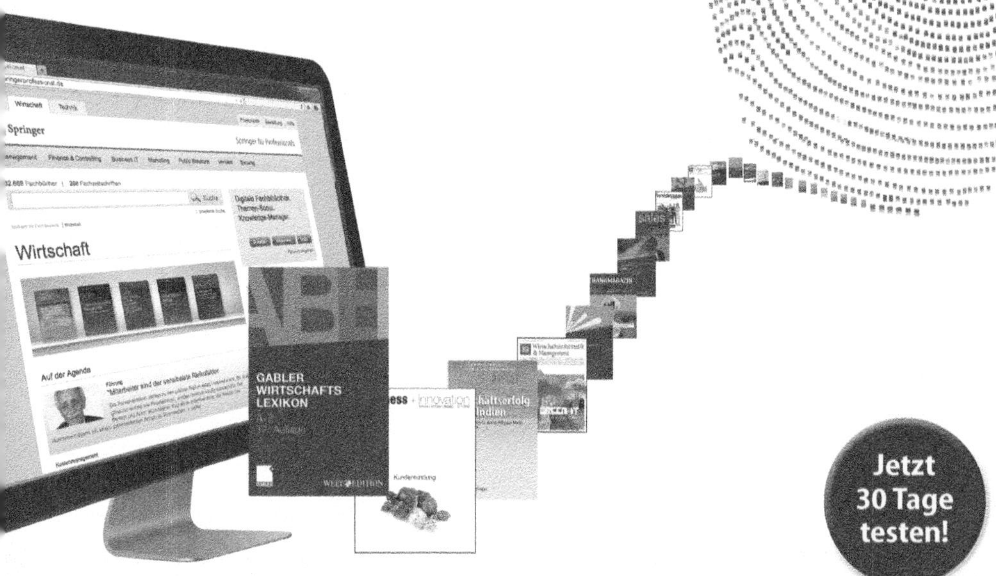

Jürgen W. Goldfuß

Selber denken kostet nichts

Wie Sie leere Parolen entlarven und lernen, sich selbst zu vertrauen

 Springer Gabler

Jürgen W. Goldfuß
Spaichingen
Deutschland

Illustration auf dem Cover: © chrissand

ISBN 978-3-658-00846-8   ISBN 978-3-658-00847-5 (eBook)
DOI 10.1007/978-3-658-00847-5

Die Deutsche Nationalbibliothek verzeichnet diese Publikation in der Deutschen Natio-nalbibliografie; detaillierte bibliografische Daten sind im Internet über http://dnb.d-nb.de abrufbar.

Springer Gabler

Lektorat: Irene Buttkus, Imke Sander

Gedruckt auf säurefreiem und chlorfrei gebleichtem Papier

Springer Gabler ist eine Marke von Springer DE Springer DE ist Teil der Fachverlagsgruppe Springer Science+Business Media
www.springer-gabler.de

Geleitwort von Bruno Schrep

Wer möchte das nicht? Sich selbst immer durchsetzen, eine steile Karriere hinlegen, Mitarbeiter und Untergebene zu stets neuen Spitzenleistungen motivieren? Aber weil zwischen Wunsch und Wirklichkeit oft ein Abgrund klafft, weil die eigenen Unzulänglichkeiten oft ebenso unübersehbar sind wie die der anderen, muss Hilfe her. Und da verlassen sich die Herrschaften in den Vorstandsetagen und in den Personalbüros zunehmend auf vermeintliche Wunderheiler von außen. Die kosten viel Geld und nähren schon dadurch die Illusion, sie könnten hoppla-hopp jene Probleme lösen, an denen sich ihre Auftraggeber die Zähne ausgebissen haben.

Dabei gleichen viele Angebote auf dem unüberschaubaren Markt der Problemlösungs-Industrie den Werbeversprechen von Fast-Food-Ketten: Garantiert noch mehr Fleisch, noch mehr Salat, noch mehr Catchup. Das Ergebnis ist oft genug ernüchternd: Der erste Bissen schmeckt meist prima, die Portionen scheinen übergroß, doch satt wird davon auf Dauer niemand. Ähnlich verhält es sich auch mit den Versprechungen der selbst ernannten Heilsbringer. Auf den ersten Blick scheint vieles überzeugend, bei näherem Hinsehen entpuppt sich das meiste als Mumpitz und Scharlatanerie.

Es ist eine humorvolle und intelligente Abrechnung mit den sogenannten Gurus, die Jürgen W. Goldfuß in seinem neuen Buch betreibt. Goldfuß kennt sie alle: die Possenreißer, die auf der Bühne mit lächerlichen Faxen, Gebrüll und ritualisierten Bewegungen künstliche Extase auszulösen versuchen. Die Blender, die mit Anglizismen um sich werfen, von „Customer Relationship" und „Departement Procurement" schwadronieren und damit vertuschen wollen, dass sie nicht in der Lage sind, sich in verständlichem Deutsch auszudrücken. Die Phrasendrescher, die mit verschachtelten Satzungetümen und pseudowissenschaftlichen Begriffen wie etwa „integrierte Identifikations-Tendenz" Gelehrsamkeit vortäuschen, die sie nicht besitzen. Die Autoren, die mit Büchern über Wege zu schnellem Reichtum höchstens selber reich werden.

Umso erstaunlicher, dass große und kleine Firmen immer wieder auf die
Schliche dieser Wanderprediger hereinfallen, ihre Mitarbeiter zu kostspieligen
Seminaren schicken und allen Ernstes glauben, die würden hoch motiviert und
voller Tatendurst zurückkommen. Oft ist jedoch das Gegenteil der Fall. „Demotivierte Mitarbeiter werden auch durch Motivationssprüche nicht aufgebaut",
schreibt Goldfuß und räumt zudem mit dem Irrglauben auf, der Zusammenhalt einer zerstrittenen Belegschaft lasse sich durch sogenannte Outdoor-Aktivitäten wie
gemeinsames Laufen über Glasscherben oder glühende Kohlen wieder herstellen.
Goldfuß: „Der Kollege, der sich gestern noch als hilfreicher Partner beim Abseilen
von einem Baumwipfel erwies, könnte schon morgen (symbolisch) das Halteseil
durchschneiden, wenn es darum geht, wer beim Personalabbau übrig bleibt."

Fazit: Wer glaubt, durch das Engagement von Gurus einen Saftladen in
ein reibungslos funktionierendes Hightech-Unternehmen mit hoch motivierten
Mitarbeitern verwandeln zu können, wird hinterher aus dem Staunen nicht heraus-
kommen. Allerdings nur, wenn er die Rechnung bekommt. In dem Laden selbst hat
sich dagegen vermutlich wenig geändert. Wie schreibt Goldfuß: „Die Menschheit
will betrogen werden."

Bruno Schrep
Redaktion Spiegel Hamburg

Geleitwort von Ludger Möllers

Stolpern auch Sie in Buchhandlungen über aufgestapelte Ratgeber-Literatur? Suchen Sie vergeblich in den Regalen nach Romanen, finden aber Tipps jeder Art dort, wo früher Goethe-, Schiller- oder Walser-Bücher standen? Wundern Sie sich auch darüber, dass offensichtlich immer mehr Menschen Hilfe selbst für einfache Lebenslagen brauchen und sich das Denken abnehmen lassen? Und dafür bezahlen!

Dann wundern sie sich zusammen mit Jürgen Goldfuß. Zwar hat auch er in seinem eigenen Bücherregal (und sicher auch auf dem Laptop) etliche Exemplare aus den Federn der üblichen Verdächtigen stehen: „Die 1000 besten Tipps für. . . ", „Geheimrezepte gegen. . . ", „Wie Sie. . . ".

Und wie viele sind auf die Versprechungen anfangs hereingefallen, die ihn (und uns) zu Millionären, weltbesten Verführern oder Top-Läufern in nur zehn Tagen oder sonst was machen sollen.

Doch anders als viele Leser hat Goldfuß dann die Bücher nicht nur zugeklappt, sie bei eBay versteigert oder seinen ärgsten Feinden geschenkt. (Wussten Sie beispielsweise, dass nur 20 % der Käufer von Management-Literatur über die ersten 50 Seiten hinauskommen?) Er hat die Bücher nochmals gelesen, um die vielen Scharlatane, die auf der Beratungswelle mitschwimmen, zu entlarven.

Ich kann mir gut vorstellen, mit welch' diebischer Freude Goldfuß sich vor seinen Bücherschrank gestellt hat, um Buch für Buch die Plattitüden, Allgemeinplätze und schlichten Dummheiten zu finden, mit denen Berater und ihre Freunde die Welt überziehen.

Gleichzeitig hat Goldfuß, der ja selbst als Berater unterwegs ist, seine eigene Branche kritisch unter die Lupe genommen. Dabei sei auch dies angemerkt: Viele Berater helfen ihren Lesern und Kunden wirklich weiter – wenn sie zum eigenen Denken, zur Hilfe durch Selbsthilfe, motivieren. Aber es gibt eben viele schwarze Schafe. Zum Beispiel dieses: Unter den Bankern hat Goldfuß den ehemaligen Automechaniker entdeckt, der jetzt Finanzprodukte (allein das Wort muss misstrauisch machen!) vertreibt – und ihn nach Hause geschickt. Wer erinnert sich nicht an das sündhaft teure Seminar, an dessen Ende angeblich alle durchs Feuer schreiten konnten?

Ich habe das neue Werk von Jürgen Goldfuß in einem Zug durchgelesen. Und mich immer wieder an die eigenen Enttäuschungen erinnert, wenn Goldfuß süffisant die mir bekannten dünnen Argumente ausbreitet, sie widerlegt und dann Mut macht, den eigenen Kopf zu gebrauchen. Dass der Leser sich bei der Lektüre immer wieder fragt, ob er nun in einem kabarettistischen Text gelandet ist, spricht für das Buch. Und für die Fähigkeit Goldfuß', den Leitsatz der Aufklärung „Habe Mut, dich deines eigenen Verstandes zu bedienen!" ins Hier und Jetzt launig zu übersetzen.

Schön, dass mit diesem Werk kein neues Beraterbuch klassischen Stils in den Handel kommt. Es hätte wohl keine Chance, im Ranking der zehn wichtigsten Managementbücher (das gibt es wirklich!) vorne zu landen. Wenn es bei Ihnen gut ankommt und Sie sich vornehmen, Ihren Kopf öfter zu benutzen, dann hat das Buch gute Dienste geleistet. Viel Freude dabei!

Ludger Möllers
Mitglied der Chefredaktion der Schwäbischen Zeitung

Vorwort

Liebe Leserinnen und Leser,

um was geht es eigentlich in diesem Buch?

Vorab eine kleine Geschichte: Vor einiger Zeit fuhr ich Zug. Mir gegenüber saß ein Herr im blauen Business Dress (halt, weg mit den Anglizismen), im Geschäfts-Anzug (klingt auch nicht besser, ist aber dafür deutsch), und las in einer Mappe, deren Titel ich nicht entziffern konnte. Er bewegte beim Lesen seinen Kopf hin und her – ihn bewegte offenbar etwas.

Als er die Mappe beiseite legte, fragte ich: „War es interessant?" Ich rede gern mit Fremden. Nur so erfahre ich Neues. Und nun begann, was fast immer beginnt, wenn man einen Unbekannten anspricht: Aus der Person sprudelte es nur so heraus.

Mein Mitreisender kam von einer Firmen-Veranstaltung mit einem Motivations-Trainer. Der Unternehmenschef hatte den „Propheten" mit dem Ziel gebucht, die Mitarbeiter zu neuer verkäuferischer Höchstleistung anzutreiben. Den Teilnehmern wurde suggeriert, dass in ihrem Leben etwas falsch läuft und sie sich ändern müssen. Das führte aber nur dazu, dass alle Teilnehmer blockiert haben. „Der Schuss ging nach hinten los. Rausgeschmissenes Geld also." Wie recht der Mann doch hatte.

Denn Ähnliches habe ich auf meinen Seminaren und Beratungen schon öfter von Menschen gehört, die ein gesundes Maß an kritischem Selbstbewusstsein besitzen.

Ich fragte mich: Müssen denkende Menschen sich eigentlich solchen Erfahrungen aussetzen? Kann man nicht das Geld für derartige Veranstaltungen sparen und mit eigenem Denken selbst auf Selbstverständliches kommen? Wie kann man selbst Ideen entwickeln? Denn selber denken macht Spaß – und eröffnet neue Perspektiven.

„Wie so manche Gurus Blech zu Gold machen", dachte ich. Darüber sollte man mal etwas schreiben. Und so entstand dieses Buch.

Sollte der Leser übrigens gelegentlich Ähnlichkeit mit lebenden Personen feststellen, so kann es sich nur um unbeabsichtigte Zufälle handeln.

Spaichingen, im Mai 2013   Jürgen W. Goldfuß

Inhaltsverzeichnis

Zum Autor

Jürgen W. Goldfuß ist seit 20 Jahren selbstständiger Publizist, Trainer und Unternehmensberater. Zuvor arbeitete er u. a. als Produktmanager, Projektleiter und Marketingleiter in Brüssel und Paris. Im Rahmen seiner aktuellen Tätigkeiten trifft er immer wieder auf Menschen, die Motivationsseminare besucht haben – anschließend aber alles andere als motiviert waren. Viele der Teilnehmer berichten, dass sie nach der Rückkehr in ihr angestammtes berufliches und privates Umfeld nun erst recht demotiviert waren, weil die Diskrepanz zwischen Bühnen- und realer Welt einfach zu groß war. Hätten sie nur auf ihren eigenen Verstand gehört.

Jürgen W. Goldfuß MTD, Marketing – Training – Dokumentation, Baldenbergstr. 12, D-78549 Spaichingen, Deutschland
E-Mail: info@goldfuss.com

Was Großmutter noch konnte   1

Früher ging es auch alleine

Es gab mal eine Zeit
Zurück, noch gar nicht weit
Da konnte man noch denken
Konnt sich noch selber lenken
Da war der Horizont noch breit

Die Themen des Kapitels
Passen moderne Kommunikationsmittel und alte Ratschläge noch zusammen?
Mit neuen Werkzeugen intelligenter umgehen
Wer glaubt wem?

1.1 Schlagbohrer oder Presslufthammer?

Eigentlich interessierte mich das Thema gar nicht so sehr. Als ich aber vor einiger Zeit an einem der vielen Handyläden in der Fußgängerzone vorbeikam, fiel mir wieder ein, dass das Handy meiner Frau eines neuen Akkus bedurfte. Ich betrat einen Tempel der modernen Kommunikationsgesellschaft – und war erschlagen von dem, was sich mir da bot. Wandschränke voller blitzender und glänzender Mobiltelefone. Ich fühlte mich wie in einem Drogeriemarkt, als ich einmal auf einer Reise auf die Schnelle ein Duschgel beschaffen wollte. Regale voller ähnlich aussehender Plastikflaschen, der optische Overkill. Beim Anblick der vielen Handys fragte ich mich nun auch wieder: Wer braucht das eigentlich alles?

J. W. Goldfuß, *Selber denken kostet nichts*,
DOI 10.1007/978-3-658-00847-5_1, © Springer Fachmedien Wiesbaden 2013

Da einige Kunden vor mir an der Reihe waren, hatte ich genügend Zeit, um mich umzusehen und mit den Errungenschaften der Technik zu beschäftigen. Augenscheinlich hatte ich wohl Generationen von Mobiltelefonen verpasst. Angesichts der Schlagworte, die auf den Plakaten der verschiedenen Hersteller zum Kauf lockten, kam ich mir irgendwie verloren vor. Das Gefühl der Unterlegenheit relativierte sich allerdings recht schnell, als ich einem Verkaufsgespräch an der Theke zuhörte. Dort ließ sich nämlich gerade ein Kunde mit noch geringerem technischen Know-how, als ich es besaß, von einem sogenannten Fachmann aufklären. Der offenbar frisch geschulte Verkäufer glänzte mit seinem Fachwissen und den international klingenden Vokabeln. Er fragte die Bedürfnisse seines unbedarften Gegenübers professionell ab.

Ob er auch an mobilem TV oder MP3-Wiedergabe, an Multimedia oder Fotofunktionen interessiert sei, ob Office-Anwendungen, Internetbrowser und Messaging gewünscht seien? Der Kunde machte bereits einen verwirrten Eindruck und schaute mich, der neben ihm stand, verlegen lächelnd an. „Tja, eigentlich wollte ich nur telefonieren." Mit diesem Satz signalisierte er seine ganze Hilflosigkeit. Unser Fachmann hinter der Theke war aber noch nicht fertig mit seinem Fragenkatalog: „Möchten Sie das Gerät auch mit GPS als Navi einsetzen und wie viele SMS schreiben Sie so im Monat?" „Braucht man das alles zum Telefonieren?" Mit diesem Satz hatte sich der Kunde endgültig als technischer Naivling geoutet.

Nun setzte der Verkäufer zur nächsten Verwirrungsstufe an und warf Begriffe wie UMTS, GPRS, Apps, Android OS, iPhone OS und Symbian OS in die Runde. Der Kunde litt nun offenbar unter „S"-Störungen und wurde sichtlich unruhig. Er besann sich dann auf sein eigentliches Anliegen und konfrontierte den Verkäufer mit einer konkreten Frage: „Ich wollte hier eigentlich kein Ingenieursdiplom abliefern, sondern lediglich ein Gerät kaufen, mit dem ich telefonieren kann. Was kostet eigentlich ein Gespräch in die USA morgens um 10 Uhr?" An dieser Stelle war der Technikfreak offenbar überfordert. Er tippte verzweifelt auf der Tastatur seines PCs herum, fand aber anscheinend keine passende Antwort. Also griff er in die rhetorische Trickkiste eines geschulten Verkäufers: „Das hängt von verschiedenen Faktoren ab. Am besten nehmen Sie die ‚World Wide Universal Flatrate', damit fahren Sie immer am günstigsten."

Der Beratungsbedarf des Interessenten war nun offenbar gedeckt. „Ich glaube, ich muss mich woanders umsehen. Vielleicht gibt es einen Laden, in dem meine Fragen tatsächlich beantwortet werden", sprach's und ging hinaus. Donnerwetter, dachte ich, der hat sich nicht von dem „Verkaufstalent" beeindrucken und einlullen lassen, sondern klipp und klar signalisiert: Mir reicht es jetzt. Er hatte sich nicht zu Themen verführen lassen, die ihn nicht interessierten, sondern er war bei seinem ursprünglichen Ziel geblieben: Er wollte nur telefonieren.

So wie unser Handykäufer den neuen Werkzeugen überfordert gegenüberstand, so wissen viele Menschen nicht, welche Werkzeuge sie im täglichen Leben einsetzen sollen, sei es privat oder beruflich. So wie jemand, der sich eine komplette Werkstattausrüstung zulegt und jetzt bei dem Umbau seines Hauses vor der schwierigen Frage steht: Schlagbohrer oder Presslufthammer? Als er früher lediglich über einen Hammer und einen Meißel verfügte, da stellte sich dieses Problem nicht. Es gab keine Auswahl. Früher war es eben einfacher, als es weniger von allem gab. Früher, dachte ich, wie war das eigentlich? Und wann genau war eigentlich „früher"? Mir fiel spontan meine Großmutter ein, die „früher" lebte. Ich erinnerte mich daran, wie wir einmal ihr Heimatdorf besuchten und sie uns erzählte, wie sie dort aufwuchs.

Sie berichtete von ihrer Mutter und ihrer Großmutter und mit welch einfachen Mitteln sie damals Privat- und Berufsleben regelten. Ohne TV-Kanäle mit täglichen Ratgebersendungen, ohne die vielen Überlebenstipps in den Hunderten von Presseorganen, ohne irgendeine externe Hilfe. Der Ehemann, heute Lebensabschnittspartner, war auch keine große Unterstützung für sie. In seiner Männerrolle fühlte er sich voll ausgelastet, und wenn er vom Stammtisch zurückkam, war er nicht unbedingt der ideale Ansprechpartner zur Lösung von „Frauenproblemen". Großmutter musste da alleine durch, sie musste tapfer „ihren Mann" stehen. Gut, zu jener Zeit gab es noch, mangels anderer Informationsquellen, eine verlässliche Institution mit hoher Kompetenz und Glaubwürdigkeit, den Pfarrer. In einer Zeit, in der das Informationsmonopol noch in den Händen einiger weniger lag, hielt sich das Verwirrungspotenzial in engen Grenzen. Und das Wort eines Stellvertreters auf Erden war Hilfe und Segen zugleich. Da konnten noch problem- und widerspruchslos unbewiesene Dogmen verkündet werden.

Das trifft auch heute noch auf manche Menschen zu, die sich in gläubiger Abhängigkeit von den krudesten Theorien faszinieren lassen. Im Gegensatz zu Großmutter kann heute jedoch jeder aus der Vielzahl der Angebote frei seine persönliche Heilslehre wählen. Und genau das scheint das Problem vieler zu sein, die sich aus einer inneren Unsicherheit heraus alle möglichen Geschichten verkaufen lassen.

Bei Großmutter war das Angebot an Verwirrungsmöglichkeiten geringer, deshalb musste sie sich mehr auf das verlassen, was heute nicht mehr häufig anzutreffen ist, den sogenannten „gesunden Menschenverstand". Streetview, das war für sie der Blick aus dem Fenster, Windows pur. Und was sie dort sah und erfuhr, das reichte ihr für das tägliche Leben. Wenn eines ihrer Kinder hustete, dann konnte sie sich nicht von den gesponserten medizinischen Ratgebern in Apothekenzeitungen, im Internet oder bei Ärzten verschiedener Fachrichtungen verwirren lassen. Sie gab dem Kind einen Hustensaft nach überliefertem Rezept, das sie wiederum von ihrer

Großmutter übernommen hatte – und der Husten verschwand. Unbehindert von unnötigem Wissensballast setzte sie ihren gesunden Menschenverstand ein. Aber warum funktioniert der heute offenbar nicht mehr? Warum brauchen wir die Vielzahl von Ratgebern zu Partnerschaft, Karriere, Erfolg? Weil alles komplizierter wird? Oder weil wir es komplizierter machen? Ja, selbst der Wetterbericht wird immer undurchschaubarer. Hieß es früher noch, dass es im Raum Stuttgart morgen Nachmittag Wolken geben werde, die mit siebzigprozentiger Wahrscheinlichkeit bei einer Temperatur von 18 bis 20 Grad für Nässe sorgen, so beginnt heute der „Wettershow-Bericht" mit einer globalen Übersicht über Gesamteuropa mit Satellitenaufnahmen von Blumenkohlwolken, die sich über Paris mit dem aus Südnorwegen heranströmenden Tief „Erna-Maria" zu einer gemischten Großwetterlage vereinen, zu der sich eine genaue Vorhersage nach Auswertung von 27 Wetterstationen nur mit einer Wahrscheinlichkeit von 57 bis 83 % berechnen lässt. Dabei wollte ich nur wissen, ob ich morgen einen Regenschirm mitnehmen sollte. Kein Wunder, dass wir bei solchen Informationen hilflos und überfordert sind, nichts damit anfangen können – und professionelle Hilfe zu benötigen glauben: Wer erklärt mir die Welt?

Warum sind wir eigentlich so verunsichert? Oder warum haben wir uns so verunsichern lassen, wenn es um tägliche Aufgabenstellungen, um die Analyse einer Situation geht, wenn es darum geht, sinnvolle, einfache Lösungen zu finden? Können wir nicht mehr selbstständig logisch denken? Können wir nicht mehr eins und eins zusammenzählen? Offenbar brauchen wir jemanden, der uns (gegen Bezahlung) an die Hand nimmt und uns dorthin führt, wo wir auch alleine hätten hingehen können. Und dennoch sind wir irritiert, kommen mit der Über-Informationsflut und den schnellen Änderungen nicht klar.

So wie mein Taxifahrer auf der Fahrt vom Frankfurter Flughafen zu einer Veranstaltung im tiefen Taunus. Ein längere Strecke, wie er sofort bemerkte: „Endlich mal eine Fahrt, die sich lohnt." Schön für ihn, dachte ich, er freut sich. Die Freude wurde aber überlagert vom Grummeln über einen neuen Kreisverkehr, den er jetzt durchquerte. „Früher, da konntest du volles Rohr über die Kreuzung brettern, jetzt bremsen die alles runter, damit man ja nicht zu schnell vorwärts kommt." Oops, dachte ich, jetzt fehlt eigentlich nur die Beschwerde über die neuen Blitzgeräte, die in beiden Richtungen aktiv sind. Als hätte ich es geahnt, das war sein nächstes Thema. Die Teufelsgeräte hatten ihn im letzten Monat bereits zweimal erwischt. Eigentlich wollte ich ihn über den Zusammenhang zwischen Unfallzahlen und überhöhten Geschwindigkeiten aufklären, dann aber verbiss ich mir den Kommentar. Schließlich sollte man in einem Abhängigkeitsverhältnis kein unnötiges Risiko eingehen, und abhängig war ich für die nächsten 45 min – von seinen Fahrkünsten.

Mittlerweile hatten wir unser gemeinsames Ziel erreicht. Nachdem der Koffer ausgeladen war und ich ihm den Fahrpreis nebst angemessenem Trinkgeld übergeben hatte, (schließlich waren wir trotz seiner Stimmungslage unbeschadet angekommen), stand er neben dem Fahrzeug und rauchte seine Entspannungszigarette. Als Nichtraucher konnte ich förmlich sehen, wie seine Batterien durch das Nikotin aufgeladen wurden. Da klingelte sein Handy, ein neuer Auftrag. Und schon begann wieder der Ausflug in die Nostalgie: „Früher hätten die mich per Funk hier in der Ecke nie erreicht, da hätte ich mal Pause machen können. Aber jetzt mit dem Handyzeugs, keine Chance mehr."

Da ich von Hause aus neugierig bin, sprach ich ihn an: „War doch ziemlich nervig, die Fahrt, oder?" Man spürte geradezu sein Bedürfnis, sich etwas von der Seele zu reden. Er erzählte nun von Problemen mit seiner Familie, dass er eigentlich nur durch einen dummen Zufall zum Taxifahren gekommen sei – und dass ihn der ganze Stress ziemlich mitnehme. Irgendwie erwachte in mir ein Helfersyndrom. Ich gab ihm den Tipp, doch mal ein Seminar zu besuchen, in dem der Umgang mit Stress behandelt und geübt wird. Da schaute er mich mit einer Mischung aus Mitleid und Verachtung an: „Das habe ich alles schon hinter mir. Mein Chef hat mich nämlich auf so eine Veranstaltung geschickt. Ein absoluter Blödsinn. Die haben da Übungen mit uns gemacht, die vielleicht bei den Chinesen oder Japanern funktionieren. Einige der Mädels im Kurs konnten damit wohl was anfangen, zumindest taten sie so. Aber bei den Männern brachte das ganze Zeugs gar nichts. Über manches hätte ich mich echt aufregen können. So ein Quatsch. Vor allem, wie soll ich hinterm Lenkrad Entspannungsübungen machen, wie soll das gehen?" Gut, dachte ich, nicht jede Methode funktioniert bei jedem. Und nicht jeder bringt die innere Bereitschaft mit, sich Neuem zu öffnen. Aber es muss doch einen Grund geben, warum so viele Menschen auf Veranstaltungen gehen, um neue Methoden zu erlernen, Methoden, die von den Gurus da vorne erprobt und „vorgelebt" werden.

Ja, es gibt tatsächlich einen Grund. Und der war auch in der Vorzeit schon bekannt. Er lautet: Die Menschheit will betrogen werden. Brot und Spiele, Action, Spaß – um ja nicht nachdenken zu müssen. Und dieses Grundbedürfnis befriedigt ein ganzer Geschäftszweig, nämlich die Branche der Gurus.

Aber warum sollte man nicht einfach mal wieder selber nachdenken, sich selbst führen, sich unabhängig machen von dem, was uns die Jungens und Mädels von der Bühne herab verkünd(ig)en? Selbst denken und entscheiden im eigenen Leben, warum eigentlich nicht? Schließlich hat doch jeder eine Portion gesunden Menschenverstand mit in die Wiege bekommen, oder?

1.2 Das Twitter-Gewitter und andere Errungenschaften

Nun lebt unser marktwirtschaftliches System zum großen Teil davon, dass uns Produkte schmackhaft gemacht werden, die wir eigentlich gar nicht brauchen. Dank der intensiven werbetechnischen Betreuung durch die unterschiedlichen Medien sind wir allerdings irgendwann der Meinung, dass ein Leben ohne Produkt x nicht mehr lebenswert ist.

Diese Tatsache wurde mir wieder bewusst, als ich im Großraumwagen eines ICE auf dem Weg nach München war. Auf dem Platz neben mir saß im feinen Zwirn ein Teilnehmer am Wirtschaftsleben und tippte auf der Tastatur seines Laptops herum. Hin und wieder schüttelte er den Kopf ungläubig, dann wieder huschte ein Lächeln über sein Gesicht. Ich warf einen diskreten Blick auf seinen spiegelnden Bildschirm und konnte an der Struktur der Darstellung sehen: Der Mann twitterte gerade. Als er nach seinem Getränk griff, nutzte ich seine Abgelenktheit und fragte: „Gibt es was Neues?" Vielleicht hätte ich das nicht tun sollen. Nun sprudelte er so richtig los. Er erklärte mir mit leuchtenden Augen, was er gerade in Twitter Neues erfahren hatte.

Ich hatte nun eine Informationslawine losgetreten, konnte aber aus Gründen der Höflichkeit nicht anders, als Interesse und Begeisterung zu heucheln und mich auf den Dialog einzulassen. Die Informationen, die er über dieses Massenmedium gerade erhalten hatte, fielen für meine Begriffe in die Rubrik „Datenmüll". Ich überschlug ganz grob den vermutlichen Stundenlohn dieses Menschen und dachte unwillkürlich an Geldvernichtung. Wie können sich eigentlich logisch denkende, gut bezahlte Menschen mit derart zeitraubenden und sinnlosen Dingen während ihrer Arbeitszeit herumschlagen, fragte ich mich.

Mir fiel der Geschäftsführer eines deutschen Textilunternehmens ein, der zum Thema Twitter einen provozierenden Satz sagte: „Twitter ist für mich einfach nur dumm, und die Menschen, die das nutzen, sind für mich Idioten. Haben die Menschen eigentlich nichts Besseres zu tun, als über belanglosen Kram zu schreiben? Wen interessiert das?" Getroffene Hunde bellen, und es twitterte gewaltig durch Deutschland. Um den Absatz seiner Trikotagen nicht unnötig zu gefährden, milderte er in einem weiteren Interview seine Aussage etwas ab: „Ich habe klar gesagt, dass alles positiv genutzt werden kann, genauso wie negativ, und habe im Prinzip die negative Nutzung einer positiven Einrichtung kritisieren wollen."

Aber wie kommt es, dass plötzlich eine Massenbewegung einsetzt, ohne dass die Sinnhaftigkeit eines Werkzeugs hinterfragt wird? Mach das doch einmal, dachte ich. Neben dir sitzt immerhin ein Opfer der Bewegung. „Wie sind Sie eigentlich auf Twitter gestoßen?" Er erzählte mir, dass sein Chef ihn auf eine Veranstaltung geschickt hatte, um zu prüfen, inwieweit dieses neue Medium für das Unternehmen sinnvoll nutzbar sei. Der Spezialist dort habe anhand von glaubhaften Beispielen aufgezeigt, dass Unternehmen ohne Twitter in Zukunft am Markt nicht überlebensfähig seien. Dasselbe gelte auch für Facebook und die anderen modernen Kommunikationsformen, mit denen neue Kundenkreise erschlossen werden könnten.

Aha, dachte ich, da hüpfte wohl wieder ein von der Industrie gesponserter Mini-experte auf der Bühne herum und bewies mit viel PowerPoint seine unbewiesenen Theorien. Und keiner hinterfragte ernsthaft seine Behauptungen. Warum auch, der Redner war Spezialist – und der musste es ja wissen. Dass sich Firmen damit in eine gefährliche Abhängigkeit von Plattformbetreibern begeben, dass all diese neuen Medien das Interesse der unterschiedlichen Geheimdienste hervorrufen, dass irgendwann vertrauliche Geschäftsdaten in transatlantischen Archiven landen, soweit konnte oder wollte mein twitternder Mitfahrer wohl nicht denken. Er hatte dann seinen Chef überzeugt und die frohe Botschaft im ganzen Unternehmen verbreitet. Und nun twittern alle, egal wie viel produktive Arbeitszeit dabei verloren geht. Der Glaube an die Technik hatte alle Bedenken überholt. Denn sobald wir etwas glauben, beeinflusst die Wahrnehmung die relevanten Informationen. Wir sehen nur noch, was in unsere Erwartungshaltung und in unser Weltbild hineinpasst. Die Nähe zur Religion ist nicht zu übersehen.

Aber nicht nur beim Twitter-Gewitter setzt der gesunde Menschenverstand aus. Ein ähnliches System zur Selbstblockade von Unternehmen kommt von Blackberry und Co. Auch hier wurde von technikverliebten Vorbetern eine wunderbare Welt vorgegaukelt, in der jeder jeden jederzeit erreichen (und von der Arbeit abhalten) kann. Die Unterbrechung von der Arbeit kam nun in Gestalt des Zugbegleiters, der die Menükarten verteilte. „Ich komme gleich vorbei und nehme die Bestellungen auf", sagte er mit einem Lächeln, das man zwar öfter, aber noch nicht oft genug in der Bahn genießen darf.

Mein Nebenmann studierte aufmerksam das Faltblatt, und mit einem entzückten „Hmm, das ist lecker, das müssen Sie auch mal probieren" zeigte er mit dem Finger auf ein exotisch klingendes Gericht. „Das habe ich letztens in einer Kochsendung im Fernsehen gesehen, das ist jetzt absolut in." Ein pflegeleichter Konsumententyp, dachte ich. Dem musst du nur etwas Neues vor die Augen halten, und schon springt er drauf. Da hat wahrscheinlich wieder einer der vielen TV-Köche ein von der Lebensmittelindustrie empfohlenes Produkt an den Mann oder die Frau gebracht. Und wenn es im Fernsehen kommt, dann muss es ja stimmen.

Der Mann war für mich nun ein ideales Testobjekt. Dem konnte man wohl alles verkaufen. Zapf ihn doch mal weiter an, dachte ich. Und ich fuhr mit einfacher Fra-

getechnik fort: „Sie gehen bestimmt oft auf Seminare und Veranstaltungen, oder?"
Die Antwort kam wie erwartet: „Ja sicher, denn ich bin offen für alles." Mir fiel
der Kalauer ein: Wer für alles offen ist, der kann nicht ganz dicht sein. Vielleicht
tue ich ihm ja unrecht, dachte ich. Vielleicht ist er doch im Grunde genommen
ein kritischer Geist, der neue Informationen sucht, sie bewertet und sinnvoll ein-
sortiert. Er erzählte dann von einer Veranstaltung im Bereich Marketing, die er
besucht hatte, um neue Ideen in seiner Abteilung einzuführen. Er war bei einem
der führenden (und teuren) Marketingspezialisten, der laut eigener Werbung für
sofortige Umsatzsteigerungen garantieren konnte. Die Ideen, die er von dort mit-
nahm, versuchte er nach seiner Rückkehr sofort seinen Mitarbeitern schmackhaft
zu machen, um schnelle Resultate nach oben melden zu können.

War der Anfang seiner Erklärung noch von Euphorie geprägt, so wirkten Ton
und Körpersprache im weiteren Verlauf nicht mehr ganz so begeistert. Er berichtete
nämlich von den Widerständen in seiner Abteilung und den bremsenden Argu-
menten seiner Mitarbeiter. Kurz gesagt, seine Mitstreiter hatten ihn voll auflaufen
lassen, weil sie seine (mitgebrachten) Ideen zwar für gut, aber für das Unternehmen
und die Branche nicht realistisch hielten.

Positivdenker geben so schnell nicht auf, er hatte sich bereits für einen Kurs
bei einem Experten mit entgegengesetzten Theorien und Botschaften angemeldet.
„Glauben Sie denn, dass Ihre neuen Ansätze dann bereitwilliger aufgenommen und
umgesetzt werden?", hakte ich nach. „Ja, da bin ich fest von überzeugt. Ich muss
die Themen anders rüberbringen. So, dass jeder sofort begeistert ist und mitzieht.
Ich muss die Leute einfach anders motivieren." Oh je, dachte ich, wieder so einer,
den man auf Kurse schickt und der dort zwar etwas hört, aber nichts lernt. Der
glaubt doch tatsächlich noch, dass man Andere motivieren kann, und dann noch
vielleicht gegen deren Überzeugung. Irgendwie tat er mir mittlerweile ein bisschen
leid, allerdings nur ein bisschen. In seiner Gehaltsgruppe sollte man eigentlich
einen höheren IQ erwarten können, gepaart mit einem sozialverträglichen EQ. Er
entsprach genau dem „Opfertyp" der Motivationspäpste. Gutgläubige, Wissen und
Halt Suchende, überforderte Führungskräfte, die beim Umsetzen des „angelernten
Wissens" scheitern.

Ihnen wird von den Veranstaltern wissensmäßiges Blech als Gold geliefert, und
sie werden dabei unmerklich zu Opfern gemacht, die nach ihrer Heimkehr mitleidig
belächelt werden oder an der Diskrepanz zwischen „Storytelling" und Realität im
Betrieb scheitern. Peter Drucker, einer der ersten Vordenker im Managementbe-
reich, hatte ein durchaus kritisches Verhältnis zur Branche: „Die Leute verwenden
den Begriff ‚Guru' nur, um den Begriff ‚Scharlatan' zu vermeiden." Scharlatan?
Ein Blick in den Duden klärt auf: „Ein Schwindler, der bestimmte Fähigkeiten
vortäuscht".

Peter Drucker konnte seine Branche noch mit Abstand und Humor betrachten, im Gegensatz zu den vielen „Experten", die todernst an ihre eigene Botschaft glauben. Nicht verwunderlich, denn wer sich selbst lange genug zuhört ohne Widerspruch zu ernten, der glaubt irgendwann auch an das, was er sagt.

Und wenn die gesalbten Thesen dann noch auf dem Büchertisch zu finden sind, dann gilt die Kraft des gedruckten Wortes, dann muss es wohl stimmen, was der Meister verkündet. Sonst würde es doch keiner abdrucken, oder?

1.3 Hämmern bis die Nägel alle sind

Ich erinnerte mich an eine Veranstaltung in der Schweiz. Dort hatte einer der selbst ernannten Gurus zu einer Tagung eingeladen, bei der geballtes Wissen zum Thema „Persönlicher Erfolg" vermittelt werden sollte. Mit regelmäßig verschickten Mailings wurde vorher an den bahnbrechenden Event erinnert. Die Aktionen vermittelten das Gefühl, ohne Teilnahme zu den Verlierern des Lebens zu gehören. Da der Veranstalter das Medium Internet exzessiv nutzt, wurde ihm vom Leserkreis das Prädikat „bedeutend" zugesprochen. Der alte Werbe- und Propagandaeffekt funktionierte auch hier: Wenn man oft genug etwas hört oder sieht, dann muss es wohl gut sein – sonst würde man nicht so viel darüber sprechen. Dieser Effekt schlägt übrigens auf allen IQ-Ebenen an, denn nicht immer übernimmt der menschliche Verstand die Kontrolle bei Entscheidungen.

Der Schweizer Guru sprach mit einem, wie ein Teilnehmer in der Pause bemerkte, „funny dialect". Er gab sich große Mühe, Dynamik und Action zu präsentieren. Vom Publikum wurde allerdings eher Hektik und Nervosität wahrgenommen. Auf der Bühne präsentierte der Meister eine Show, die an Peinlichkeit kaum zu überbieten war. Er hatte eine neue Methode entdeckt, als er in den Vereinigten Staaten unterwegs war. Die Methode war schlicht: „Wenn Du etwas nicht weißt, dann frag doch einfach mal." Auf Englisch „ASK". Irgendwie sensationell. Zur Erheiterung trug auch noch die etwas eigentümliche Aussprache bei. In normalem Englisch klingt „ask" ausgesprochen so, wie man es schreibt. Mit schwyzerdütschem Akzent wird es zum quäkenden „ääsk". Einer der Teilnehmer meinte sarkastisch: „Der Meister hat sein Englisch wohl in der Bronx gelernt." Der Referent war so verliebt in seine bahnbrechende Fragetechnik, dass er das Kopfschütteln im Publikum entweder nicht bemerkte – oder bewusst ignorierte. Die Kommentare im Publikum sprachen für den Vortrag. Sie reichten von „Will der uns auf den Arm nehmen?" bis hin zu „Gut, dass ich persönlich keinen Eintritt zahlen musste". Der Redner trug selbst die simpelsten, selbstverständlichsten Anwendungsbeispiele vor, ohne irgendeine Scheu vor intellektueller Flachheit. Angefangen von der Frage, was ein Ticket kostet, bis hin zur Frage an seinen Malermeister, was die Renovierung des Büros kosten würde. So jagte er von einem Beispiel zum anderen. Er kam mir vor wie ein Handwerker, der voller Begeisterung über seinen neuen Hammer einen Nagel nach dem anderen in die Wand schlägt – sich mit kindischer Freude und einem glücklichen Lächeln austobt. Der Beifall am Ende der „Session" hielt sich in klar definierten Grenzen, es war Höflichkeitsapplaus.

Der Tag war allerdings nicht ganz verloren, denn es traten anschließend Referenten auf, die den Bezug zur Realität noch nicht verloren hatten. Ihnen zuzuhören war ein echter Gewinn, denn sie lieferten Tipps und Ideen, die im privaten und im beruflichen Alltag sinnvoll genutzt werden konnten. Eine Wohltat im Gegensatz zum vorher Erlebten. Der Veranstalter hatte uns unfreiwillig den Unterschied zwischen Blabla-Rednern und echten Wissensvermittlern vor Augen geführt. Interessant war, in einem solch kurzen zeitlichen Abstand diesen gravierenden Unterschied spüren zu können. Während der eine im Stakkato seine Thesen herunterhämmerte („Du musst, Du sollst, Du kannst. . . "), brachten die anderen das Publikum ohne Hektik und Show zum Nachdenken, genauer gesagt, zum selber denken.

Und das ist der Unterschied zwischen den Auftritten der „Blender" und denen der Realisten oder auch „Realos". Die einen verkünden eine heile Welt, in der alles nach den Vorstellungen des Meisters funktioniert – vorausgesetzt, man hält sich sklavisch an seine Vorgaben. Treten die prognostizierten Resultate nicht ein, dann hat der Empfänger etwas falsch verstanden, nicht alle Regeln befolgt, nicht fest genug an das Ziel geglaubt. Selbst Schuld. Die anderen, die Realisten hingegen, bieten anhand von Beispielen und Gedankenansätzen dem Publikum die Möglichkeit, eigene, individuelle Lösungsansätze zu entwickeln. Sie gaukeln ihren Zuhörern keine unrealistischen Vorstellungen vor, sie weisen gleichermaßen auf Risiken und Chancen hin.

Beide sprechen auch unterschiedliche Zielgruppen an. Den Guru erwartet das pflegeleichte Publikum, das denkfaul an seinen Lippen hängt und nur auf eines wartet: Tools und Tipps, Tipps und Tools. Was bei dem Meister auf der Bühne funktioniert hat, das muss doch auch bei mir möglich sein, glaubt der faszinierte Zuhörer. Und wenn es eben nicht funktioniert, dann sucht man sich halt einen neuen Meister, einen, dessen Thesen noch extremer und Erfolg versprechender klingen. Egal was die Show kostet, die eigene Karriere erfordert eben eine entsprechende Investition. Damit auch nichts vergessen wird, deckt man sich noch am Bücher- und CD-Tisch mit den verschiedenen Sonderangeboten zur Weiterbildung ein. Da wird alles mitgenommen, was nach Erfolg riecht. Angefangen von „Millionär in 3 Tagen" über „Ich motivier mich jetzt endlich selbst" bis hin zu „Erfolgreich in 25,3 Schritten". Wer alle Motiviertipps und Ratgeber anhören und lesen möchte, der ist wahrscheinlich bis zu seinem Renteneintritt beschäftigt. Er ist dann in der Situation des Fahrschülers, der so viel für seine Fahrstunden ausgab, dass er anschließend kein Geld mehr für den Erwerb eines Fahrzeugs besaß.

Und wenn es am Verkaufsstand noch den „Bio-Human-Energizer" gibt, dann kann der Erfolg nicht mehr weit sein. Aus der Beschreibung: „Das Kernelement ist die hochkristalline Speicherzelle als Energiezentrum. Durch einen Mikro-Schwingkreis wird diese positive Energie stabilisiert und über eine spezielle Kupferspule, vergleichbar einer Antenne, an Ihr eigenes Energiefeld weitergegeben. Dank SRT TM – Sympathetic Resonance Technologie – sind die Einzelkomponenten energetisch miteinander verbunden und lassen damit die einzigartige Wirkung von Qlink entstehen. Eine Wirkung ohne Unterbrechung: Qlink benötigt weder Batterien noch kontinuierliche Wartung. Das Gerät stimuliert das persönliche Energiefeld und unterstützt die körperliche Fähigkeit, äußeren Belastungen zu begegnen. Eine viertel Million Benutzer weltweit, darunter viele Persönlichkeiten aus Wirtschaft, Sport und Showbusiness, bestätigen die positiven Effekte durch QLink." Und das alles für nur 200 Euro. Man muss nur dran glauben.

Irgendwie erinnert der Zauber an die Beschwerden von Einwohnern einer Kleinstadt, die über Schlafstörungen und andere Krankheitssymptome klagten. Schuld sei der neue Mobilfunkmast, der vor einigen Tagen errichtet wurde. Der Netzbetreiber machte sich dann wirklich Sorgen: „Wie schlimm wird das wohl, wenn wir den Mast erst in Betrieb nehmen?".

Zurück zum Publikum. Zur Zielgruppe der „Realos" gehören die Menschen, die Gedankenanstöße suchen, um selbstständig eigene Lösungswege beschreiten zu können. Sie verfallen nicht in rhythmische Zuckungen, wenn auf der Bühne jemand sein Show-Programm abfährt. Sie sind nicht Teil der unreflektierten Spaßgesellschaft, die auf Knopfdruck wilde Motivationsschreie ausstößt. Sie bleiben positiv kritische Beobachter der Szene und picken sich die Informationen heraus, mit denen sie konkret etwas in nächster Zukunft anfangen können. In der Regel sind es Menschen, die emotional stabil sind, die nicht einem entrückten Vorbild nacheifern müssen. Ganz einfach deshalb, weil ihr Selbstwertgefühl ihnen genügend Standfestigkeit verleiht. Auch sie kaufen sich mal ein Buch oder eine CD, um es im Leben leichter zu haben. Sie fallen aber nicht auf spektakuläre Schlagworte herein, sondern erkundigen sich vor dem Kauf über die Erfahrungen anderer mit dem Produkt. Sie sind auch in der Lage, aus unterschiedlichen Beurteilungen kritisch eigene Schlüsse zu ziehen, wenn zum Beispiel ein und dasselbe Buch unterschiedlich beurteilt wird, wie hier in zwei Amazon-Rezensionen.

Rezension 1: „Man muss es einfach sagen: Aber dieses Buch strotzt nur so von unfertigen ‚Hurra'-Aussagen ohne jeglichen Hintergrund. Der Autor ist logischerweise beseelt von seinen Ideen, aber es gelingt ihm nicht, sie mir nahe zu bringen.

Die Texte lesen sich wie endlose Wiederholungen von angeblichen Wahrheiten eines verhinderten Bhagwans. Aus meiner Sicht leider nicht empfehlenswert." Rezension 2: „Dieses Buch erfreute mich von der ersten Seite an. Die kompakte Darstellung, die Logik des Gelingens, im Prinzip ist aus diesem Werk zu erkennen, wie einfach Leben sein könnte, eine Rückübersetzung des verstiegenen, pseudointellektuellen, geschäftsträchtigen Psycho-Modell-Geplänkels. Dieses Buch steht weit über allen sogenannten Kommunikationsmodellen – ich bestelle gleich noch mal eines, um es einer Freundin zu schenken."

Selbst wenn die zweite Rezension nicht aus dem wohlgesonnenen Bekanntenkreis des Autors stammen sollte, so zeigt der Rezensent doch seine Präferenz für die Thesen des Autors. Der Schreiber der ersten Rezension sagt hingegen deutlich, dass ihm das Buch „nichts bringt". Welcher der beiden Leser eher zum Guru Publikum neigt, lässt sich leicht erahnen. Apropos Leser. Lieber Leser, zu welcher Gruppe gehören Sie eigentlich? Zu den kritisch Denkenden oder zu den „Simplify your Geist"-Anhängern? Zu den begeistert Hämmernden, denen schnell die Nägel ausgehen, oder zu denen, die gezielt und in Ruhe den Nagel an der richtigen Stelle einschlagen?

Einer der Erfolgsmotivatoren gibt im privaten Gespräch unumwunden zu: „Die kaufen Dir alles ab, wenn Du richtig Gas gibst, dann fressen die Dir aus der Hand." Sein Publikum sei eben pflegeleicht und einfach zu handhaben. Eine Feststellung, die man unabhängig vom Thema machen kann. Ob es eine Führungsveranstaltung ist, in der ge- und überforderte Chefs zu erfahren suchen, wie man Mitarbeiter ohne materielle Anreize motiviert, oder ob es sich um eine Veranstaltung zum Thema „Jeden Tag glücklich beginnen" handelt, es ist immer dasselbe. Es werden Theorien verbreitet, die sich bei genauer Betrachtung häufig widersprechen. Dem andächtig lauschenden Publikum fallen solche Ungereimtheiten allerdings nicht auf, denn im Sinne der „Selffulfilling Prophecy" möchte man ja nur das hören, was in die aktuelle Erwartungshaltung hinein passt. Und da die Beispiele rhetorisch geschickt und mit PowerPoint optisch lenkend dargestellt werden, fallen Knickstellen in der Logik kaum auf. Und wenn, dann werden sie schnell relativiert nach dem Motto „Der/die da oben hat schon irgendwie recht".

Ganz extrem wird die Gläubigkeit, oder besser Hörigkeit, wenn die Gurus sich den Mantel der Religion überziehen. Wenn dann verzückt proklamiert wird „Gott will, dass du reich wirst", dann klingt das beinahe wie ein christliches Gebot. Welcher Gott auch immer damit gemeint ist, offenbar hat er seinen Willen noch nicht bei allen durchsetzen können. Zum Glück ist diese Art von Fanatikern bisher eher auf dem amerikanischen Kontinent zu Hause. Aber so wie McDonalds die Welt eroberte, so wird der Einzug der pseudoreligiösen Prediger auch hierzulande nicht allzu lange warten lassen. „Was gut ist für Amerika, ist auch gut für die Welt", sagen unsere transatlantischen Freunde. Es ist hoffentlich nur scherzhaft gemeint.

Fazit

Warum floriert die Selbsthilfeindustrie diesseits und jenseits des großen Teiches so erfolgreich? Sie funktioniert nur deshalb, weil wir glauben, mit uns stimme etwas nicht. Nur weil wir nicht wissen, was wir alles haben, fragen wir uns immer, was uns noch fehlt. Deshalb sollten Sie öfter einmal geistige Inventur machen, nachdenken, sich besinnen und fragen, was wirklich noch fehlt im Leben. Denken Sie bei den vielen abstrusen Erfolgsmethoden an den Satz aus der Landwirtschaft: Nicht jeder Mist ist Dünger.

Denglisch für Beginners

Neusprech ist in

Ein Redner steht auf dem Podest
Freut sich, dass man ihn reden lässt
Er fühlt dabei sich zwar ganz wohl
Doch was er sagt, das klingt recht hohl
Er produziert verbale Pest

Die Themen des Kapitels
Warum einfache Sprache so verpönt ist
Lächerlichkeit durch Worthülsen und Slogans
Anglizismen kontra Verständlichkeit

2.1 Also sprach der Guru

Viele Redner haben etwas verlernt, falls sie es je beherrschten: einfach und verständlich zu reden. Seien es Politiker vor ihrer Zielgruppe, den unwissenden Wählern, seien es Marketinggurus vor andächtig Lauschenden oder seien es ganz einfach nur Chefs, die ihren Mitarbeitern eine frohe Botschaft verkünden. Verliebt in selbst gebaute Wortungetüme, endlose Schachtelsätze, bei denen am Schluss oft der Bezug zum Beginn fehlt – es ist eine Modekrankheit, Einfaches kompliziert auszudrücken. Wer ohne einen elaborierten, einen differenziert ausgebildeten Sprachschatz auftritt, der befürchtet oft, laienhaft zu wirken. Ein Beispiel lieferte der Vorstand eines Medienunternehmens, der seinen Mitarbeitern die neue Zeit ankündigte und dabei bestimmt fest davon überzeugt war, die richtigen Worte gewählt zu haben: „Dafür haben wir jetzt für den Bereich Verlage, Vermarktung und Vertrieb ein sehr komplexes Change-Programm angeschoben, dem wir die Überschrift ‚Concentrate –

J. W. Goldfuß, *Selber denken kostet nichts*,
DOI 10.1007/978-3-658-00847-5_2, © Springer Fachmedien Wiesbaden 2013

Integrate – Innovate' gegeben haben. Wichtigstes Ziel dieses Change-Programms ist es, den nationalen Verlagsbereich sicher durch die Rezession zu führen und ihn dabei trotz der dramatischen Erlöskrise konsequent auf eine konvergente Zukunft auszurichten." Wem da nicht vor Ehrfurcht die Gesichtszüge versteinerten, der hatte wohl kein Gefühl für sprachliche Feinheiten.

Aber unser Vorsteher war noch nicht am Ende. Er erklärte nun, was er eigentlich meinte: „Concentrate: Das Programm zielt auf Steigerung der Effizienz unseres Arbeitens und auf die klare Konzentration auf gesunde und zukunftsträchtige Geschäftsfelder und Objekte." Aha, das klingt irgendwie logisch, oder? Aber da fehlten ja noch zwei Zauberworte: „Integrate: Das Programm arbeitet darauf hin, unseren Verlag zu einer kompakteren Einheit zu integrieren, in der die zentralen Assets – Inhalt und Marken – ihre Stärken technologieneutral entfalten können." Nun, das versteht doch wohl jeder. „Innovate: Das Programm muss die strukturellen Voraussetzungen dafür schaffen, dass der Verlag die Verluste im Kerngeschäft durch neue Erlösquellen kompensieren kann – zumindest partiell."

Klarer geht es wohl nicht mehr. Der Redner hat zwar informiert, Information ist aber nur, was verstanden wird.

Um das Publikum nun endgültig zu motivieren, kam noch ein Klassiker hinzu. „Das schaffen wir aber nur als Mannschaft, nur gemeinsam. Deshalb zähle ich im Change-Prozess auf Sie und baue auf eine starke Mannschaftsleistung." Ein bisschen widersprüchlich klang das schon im Kontext zu dem Teil der Ansprache, der echte Änderungen ankündigte: „Wir werden uns von Produkten verabschieden müssen, wir werden uns aber auch von Mitarbeitern, von Kollegen verabschieden müssen."

Die Rede war nicht nur sprachtechnisch ein Flop, sondern auch inhaltlich keine Glanzleistung. Da wird einerseits an eine „starke Mannschaftsleistung" appelliert und andererseits werden Entlassungen angedroht. Wer baut schon gerne an der Arche Noah mit, wenn er dann nicht mitfahren darf? Ein Kommentar in einer Wirtschaftszeitung: „Bullshit-Bingo vom Allerfeinsten." (Mehr über das Bullshit-Bingo im nächsten Kapitel.)

Warum einfach, wenn es auch kompliziert geht? Ein Musterbeispiel für gewundene, komplizierte, verwirrende, diplomatisch klingende, aber nichtssagende Sätze ist der folgende Dialog zwischen Vater und Sohn anlässlich der Zeugnisausgabe:

„Papa, unser Lehrer hat mir heute zu verstehen gegeben, dass er nicht ausschließen will, dass ich das angestrebte Klassenziel unter den derzeit gegebenen Umständen möglicherweise nicht voll erreichen könnte. Er hat dabei angedeutet, dass dieses besonders im fremdsprachigen Bereich auch durch einen Mangel an gezielten Maßnahmen meinerseits verstärkt worden sei. Außerdem hat er durchblicken lassen, auch andere Lehrer hätten ihm signalisiert, meine verbale Beteiligung sei noch außerordentlich ausbaufähig."

Der einigermaßen erschütterte Vater verlor schnell die sonst übliche Zurückhaltung. „Soll das heißen, dass du sitzen bleibst, weil du in Englisch und Latein nichts getan hast und dich insgesamt zu wenig am Unterricht beteiligst?"

„Diese Formulierung, Papa, ist sicher überspitzt. Ich würde meinen, dass die auf uns zukommenden Probleme auch durch eine sehr undifferenzierte Analyse meiner Zurückhaltung seitens der mich unterrichtenden Lehrer zu erklären ist. Natürlich übersehe ich dabei nicht, dass mir unreflektiertes Auswendiglernen von fremdsprachigen Wörtern, die völlig beziehungslos nebeneinander stehen, nicht eben liegt."

„Du hast also keine Vokabeln gelernt?"

„Ich bin der Auffassung, dass man mit dieser sehr pauschalen Fragestellung dem doch sehr komplexen Problem kaum gerecht wird. Diese Ansicht wird übrigens von allen meinen Freunden geteilt. Wir sind auch der Meinung, dass die anstehende Problematik nicht durch unglaubwürdiges Moralisieren oder gar Drohen gelöst werden kann. Dagegen versprechen wir uns eine motivationsfördernde Wirkung von finanziellen Anreizen, die natürlich nur langsam greifen würden. Wir überschätzen die bildungspolitischen Auswirkungen solcher finanziellen Stimulanzien durchaus nicht, sehen zum gegenwärtigen Zeitpunkt aber keine praktikableren Möglichkeiten."

„Du möchtest also nicht nur deine Ruhe, sondern auch noch eine Erhöhung des Taschengeldes?"

Es ist zu vermuten, dass der Sohn irgendwann in der Politik landet, die verbalen Voraussetzungen sind bereits vorhanden.

2.2 Inhaltliche Leere muss gefüllt werden

Es sind aber nicht nur die abgehobenen, verschachtelten Satzungetüme, die das Verständnis erschweren, sondern auch die vermeintlichen „Fachbegriffe", mit denen Redner ihr Publikum zu blenden versuchen. Je mehr beeindruckende Schlagworte in die Runde geworfen werden, umso faszinierter ist die Zuhörerschaft: „Boah, der kennt sich aber aus.". Wenn man die Aufnahmebereitschaft und Intelligenz seines Publikums einmal testen möchte: Hier ist das „automatische Schnellformuliersystem" von Philip Broughton. Broughton, ein Beamter im US-Gesundheitsdienst, entwickelte das aus einer Liste von 30 Schlüsselwörtern bestehende „System".

Um dem naiven Publikum zu imponieren, sucht man eine beliebige dreistellige Zahlenkombination aus – und gibt dann den pseudowissenschaftlich klingenden

Superbegriff mit ernster Miene von sich. Das klingt nach Autorität und enormem Fachwissen.

Spalte 1	Spalte 2	Spalte 3
0. konzentrierte	0. Führungs-	0. -struktur
1. integrierte	1. Organisations-	1. -flexibilität
2. permanente	2. Identifikations-	2. -ebene
3. systematisierte	3. Drittgenerations-	3. -tendenz
4. progressive	4. Koalitions-	4. -programmierung
5. funktionelle	5. Fluktuations-	5. -konzeption
6. orientierte	6. Übergangs-	6. -phase
7. synchrone	7. Wachstums-	7. -potenz
8. qualifizierte	8. Aktions-	8. -problematik
9. ambivalente	9. Interpretations-	9. -kontingenz

So ergibt zum Beispiel die Zahl 123 die „integrierte Identifikations-Tendenz". Keiner weiß zwar, wovon Sie reden, aber niemand wird wagen, es zuzugeben. Ihr Status als kompetenter Fachmann (oder Fachfrau) wirkt auf jeden Fall beeindruckend. Sollte es im Publikum aber tatsächlich jemanden geben, der sich nicht scheut, den Sinn Ihrer Begriffe zu hinterfragen (auch solche Leute gibt es tatsächlich), dann sollten Sie eine für jeden verständliche Erklärung parat haben.

Eine andere Methode, verblüffende imponierende Begriffe zu produzieren, ist die Phrasen-Dreschmaschine von Klaus Birkenhauer. Sie sieht aus wie eine Parkscheibe, allerdings mit drei Scheiben, die auf der Vorder- und Rückseite mit jeweils 15 eigentlich unverfänglichen Wörtern bedruckt sind. Die Mischung der Begriffe ergibt die (humoristische) Wirkung. Von der „grenzüberschreitenden Individualverkehrs-Gerechtigkeit" über die „plebiszitäre Organisations-Sabotage" bis hin zur „unausgegorenen Motivations-Verweigerung" sind jede Menge Kombinationen möglich. Auch hier wird Ihnen das Publikum fasziniert zuhören.

Einen Beitrag zur Pflege der Sprachkultur kann übrigens jeder leisten, der die Wortwahl in seinem Umfeld (einschließlich der eigenen Worte) genauer betrachtet. Zum Beispiel mit dem Bullshit-Bingo. Nun ist jedes dieser Worte aus der folgenden Tabelle „nichts Schlimmes". Wenn jedoch ein Redner eine gewisse Anzahl erreicht hat, dann sollten Sie stutzig werden. Wie funktioniert das Bullshit-Bingo?

Jedes Mal, wenn Sie das entsprechende Wort während einer Besprechung, eines Seminars oder einer Konferenz hören, kreuzen Sie das zugehörige Kästchen an.

Synergie	Commit-ment	E-Mail	Corporate Identity	Audit
Kompetenz	Critical	Team	Manage-ment	Bench-mark
Milestone	Visionen	Global Player	Risiko-analyse	ToDo-List
Themen-speicher	Globali-sierung	Brain-storming	Report	Fokussieren
Eigen-dynamik	SAP	Destination	Step	Problematik

Quelle: www.humor.ch

Wenn Sie horizontal, vertikal oder diagonal fünf Kästchen in einer Reihe haben, stehen Sie auf und rufen laut: „BULLSHIT!" Es mag am Anfang ein paar Sympathiepunkte kosten, aber der Mahnruf wird die Sprachkultur nachhaltig verbessern.

Und wie im Märchen „Des Kaisers neue Kleider" stellt man fest, dass der „Kaiser des Wortes" sich mit nichts umhüllte – außer mit leeren, durchschaubaren Floskeln.

2.3 Denglisch für everybody

Nun wird es aber immer wieder Menschen geben, die davon überzeugt sind, ohne einen Hauch von Internationalität nicht genügend Beachtung zu finden. Deshalb umgeben sie sich gerne mit Begriffen, die aus der Werbung und dem Showbusiness stammen – Hauptsache, es klingt nicht Deutsch.

Paul S. ist einer dieser Menschen, denen die „Normalsprache" abhandengekommen ist. Er ist Key-Account-Manager bei einem Global Player im Fashion-Bereich. Er plant gerade einen Event, bei dem die Performance der Customer Relationship improved werden soll. Seine PowerPoint-Presentation hat er bereits upgedated, die aktuellen Files aus dem Department Procurement downgeloaded und beim Printshop die neuen Flyer und Handouts geordert. Das Target der Show: den Benefit für Shareholder und Stakeholder zu highlighten, den Relaunch der letzten Product Range zu promoten sowie die Opportunities und Skills der Company den Endusern zu präsentieren. Er will über die geplanten Roll-out-Phasen sowie über die aktuellen Outtasking-Verträge berichten sowie über die Challenge, die durch eine neue Competition entstanden ist. Er wird kurz auf das neue Forecast-Programm eingehen, invented von einem Freelancer, mit dem der estimated Added Value genauer kalkuliert werden kann. So lassen sich Bottlenecks eher vorhersehen. Als Location hat er ein Wellness-Hotel im City-Bereich ausgesucht. Im Briefing beschloss er mit seinen Kollegen, dass es einen Brunch gibt und als Teaser erhält jeder Visitor ein kleines Give-away. Vom Human Resource Department wurden ihm noch zwei Bachelor-Studenten, echte High Potentials, zur Verfügung gestellt, denen er allerdings noch den Dresscode beim Event erklären musste, damit sie nicht over- oder underdressed erscheinen. Die Roadmap für den Event steht und über das Wording bei Fragen aus der Audience herrscht auch Klarheit. Das Ganze soll ein Kick-off für die neue Company-Philosphie werden, zumal das Board of Directors ein Going Public avisiert.

Auf dem Weg nach Hause hält Paul noch im Drugstore und shopped dort für seine Partnerin eine Packung Antiaging-Creme. Auf dem Dashboard in seinem SUV flashed das Control Light, er stoppt also schnell an der Gas Station für einen Refill. An seinem PC at home aktualisiert er dann noch sein Asset-Management, bevor er seine Chill-Out-Phase beginnt. Er zapped mit der Remote Control dank moderner Technologie während der Prime Time durch die verschiedenen Channels und bleibt dann bei einer Soap Opera hängen. Er genießt nun das Cocooning, bevor es am nächsten Tag wieder Stress und Business as usual gibt.

Menschen wie Paul können sich nie sicher sein, ob jeder mit ihrer Sprachwelt klar kommt. Die typischen Beispiele für „Zweisprachigkeit", die nur von einer Seite verstanden wird, liefert regelmäßig die Werbewelt. So kam der Slogan eines Telekommunikationsunternehmens „Make the most of now" bei einigen an als die

Aufforderung „Mach Most draus" und der Slogan einer Drogeriekette „Come in and find out" wurde wörtlich übersetzt „Komm rein und sieh zu, wie du wieder rauskommst". Krampfhafte Versuche der Marketingakrobaten, international und weltoffen zu wirken, führen zu unfreiwilligen kabarettreifen Formulierungen. „Feel the drive" – so machte ein Hersteller auf sein Produkt aufmerksam, eine Standheizung. „Wärm dich auf" hätte da wohl eher gepasst.

Aber selbst wenn wir strikt bei der deutschen Sprache bleiben gibt es auch hier Möglichkeiten, sprachlich „hervorragend" zu sein, nämlich bei der weiblichen Anrede. Politiker nutzen gerne die Ansprache an die „Wähler und Wählerinnen", „Parteifreunde und Parteifreundinnen". So kann man geschickt die Redezeit mit Leerformen füllen. Da gibt es die Christen und Christinnen, die Partner und Partnerinnen, die Emigranten und Emigrantinnen, die Soldaten und Soldatinnen – es fehlen nur noch die Deutschen und Deutschinnen. Allerdings wird wohl keiner seine Hausärztin mit Frau Doktorin anreden wollen. Und irgendwann wird der Feminismuswahn noch zum Eröffnungssatz „Liebe Anwesende und Anwesendinnen" führen, denn Sprache lebt ja bekanntlich.

Dabei wäre das Thema ganz einfach dank des „generischen Maskulinums". Der Begriff geht davon aus, dass bei Personenbezeichnungen, vor allem bei Berufsbezeichnungen und Hauptworten, die den Träger eines Geschehens bezeichnen, die männliche Form auch weibliche Personen einbezieht. Zum Beispiel beim unbekannten „Spender", der (die) durchaus auch eine unbekannte Spenderin sein kann. Dass die Trennung in männliche und weibliche Form nicht unbedingt zur Klarheit führt, zeigt eine Statistik. In Afrika gibt es 10.000 Löwen und 5.000 Löwinnen. Wie viele Löwen gibt es dort also insgesamt? Zuviel „Sprachgerechtigkeit" kann also zur Verwirrung führen.

Fazit

Sie werden als glaubwürdige Person, oder sogar Persönlichkeit, wahrgenommen und in Erinnerung bleiben, wenn Sie auf unnötige Schlagworte und Anglizismen verzichten. Eine klare, eindeutige Ausdrucksweise zeugt von Selbstvertrauen. Der Sprachwissenschaftler Walter Krämer stellte fest, dass die renommiertesten Experten häufig das beste Deutsch sprechen. Wer brillant ist in seinem Fach, der kleidet komplizierte Zusammenhänge in einfache prägnante Worte. Wer viel zu sagen hat, der braucht wenig Worte. Wer sich Reden des jüngeren Helmut Schmidt im Bundestag anhört, der spürt förmlich den Unterschied zwischen einer Rede und Geschwafel. Der Stern-Gründer Henri Nannen brachte das Thema auf den Punkt mit dem Stichwort „Küchenzuruf". Die Botschaft soll so knapp und einprägsam formuliert sein, dass man sie ohne weiteres dem Partner in der Küche zurufen kann. Er bezog sich als Journalist dabei zwar auf das geschriebene Wort, den „Küchenzuruf" sollte man aber auch im Gespräch einsetzen.

Was Du heute kannst besorgen, das hat auch noch Zeit bis morgen

3

Time is money – und Geld ist knapp

Ein Mensch fühlt sich vom Stress geplagt
Am Arbeitsplatz gehetzt, gejagt
Schluckt Pillen und trinkt Alkohol
Fühlt sich trotz allem niemals wohl
Weil er den Job nie hinterfragt

Die Themen des Kapitels
In anderen Zeiten gibt es andere Werkzeuge
Zeitmanagement stresst
Burn-out muss nicht sein

3.1 Lesen mit links dank Hyperlinks

Es gab einmal eine Zeit, in der die Menschen ohne PC, Faxgerät, Blackberry, Handy und all die anderen technischen Errungenschaften lebten. Wenn dann zum Beispiel ein Kunde auf ein schriftliches Angebot wartete und telefonisch nachfragte, so wurde ihm versichert, das Angebot sei bereits in der Post. Dabei hatte man die Anfrage schlicht vergessen, das Angebot war noch gar nicht geschrieben. Als dann das Faxgerät erfunden wurde, fiel die Ausrede mit der Postlaufzeit unter den Tisch. „Dann schicken Sie mir doch bitte schnell eine Faxkopie". Mit der Erfindung der E-Mail wurden schließlich die zeitlichen Abstände zwischen Sender und Empfänger noch weiter verkürzt.

Durch die neuen Medien fühlt sich so mancher gejagt und gehetzt. Früher war alles ruhiger, sagen die Nostalgiker. Dabei liegt das Problem nicht bei den neuen

J. W. Goldfuß, *Selber denken kostet nichts*,
DOI 10.1007/978-3-658-00847-5_3, © Springer Fachmedien Wiesbaden 2013

Werkzeugen, sondern beim hilflosen Umgang mit den schnelleren Kommunikationskanälen. Die Informationsflut erfordert eine andere Herangehensweise.

Zum Beispiel beim Lesen: Wer heute noch, so wie es in der Schule gelehrt wird, brav jede Zeile von links nach rechts Schritt für Schritt durchliest, der hat einen Wettbewerbsnachteil gegenüber demjenigen, der sich ein „Hyperlink-Lesen" angeeignet hat. Hilfreich sind dabei auch Werkzeuge, mit denen man schnelleres Lesen trainieren kann, wie z. B. Speed-Reading oder ähnliche Methoden. Doch immer noch erfordern manche Texte ein sorgfältiges Lesen Wort für Wort. Hier sollten Sie auch Ihre eigene Korrespondenz einmal überprüfen, ob Sie mit schnellerem Lesen genauso viel Information aufnehmen können.

Im folgenden Beispiel kann jeder nachvollziehen, inwieweit er ohnehin schon schneller lesen kann als er glaubt.

Ein Beispiel für die Schnelligkeit unseres Gehirns:

„Gmäeß ener Sutide einer elgnihcesn Uvinisterät ist es nchit witihcg, in wlecehr Rneflogheie die Bstachuebn in eneim Wort snid, das ezniige was wcthiig ist, ist, dsas der estre und der leztte Bstabchue an der ritihcegn Pstoiion snid. Der Rset knan ein ttoaelr Bsinödln sein, tedztorm knan man ihn onhe Pemoblre lseen. Das ist so, wiel wir nchit jeedn Bstachuebn enzelin leesn, snderon das Wrot als gseatems."

Falls es bei dem einen oder anderen Gehirn „Schaltschwierigkeiten" gab, hier der Text in Normalform:

„Gemäß einer Studie einer englischen Universität ist es nicht wichtig, in welcher Reihenfolge die Buchstaben in einem Wort sind, das einzige, was wichtig ist, ist, dass der erste und der letzte Buchstabe an der richtigen Position sind. Der Rest kann totaler Blödsinn sein, trotzdem kann man ihn ohne Probleme lesen. Das ist so, weil wir nicht jeden Buchstaben einzeln lesen, sondern das Wort als gesamtes."

Zum stressfreien Arbeiten gehört auch die Analyse der eigenen Kommunikationswege. Wie hoch zum Beispiel ist der tatsächliche Informationsgewinn beim Lesen von Twitter-Nachrichten? Wer ein neues technisches Medium sinnvoll nutzt, dem nutzt es. Wer sich allerdings ohne nachzudenken in den modernen Kommunikationsmöglichkeiten verirrt, der darf sich nicht wundern, wenn er sich, von der Datenflut gestresst, sehr schnell urlaubsreif oder gar Burn-out gefährdet fühlt.

Zum Nachdenken regt auch das Thema Handynutzung an. Wie viele Gespräche werden geführt, die ohne Informationsverlust hätten wegfallen können? Wer per Handy ankündigt, dass er rechtzeitig zu einem vereinbarten Termin erscheinen werde, der stiehlt sich und dem Angerufenen wertvolle Zeit. Wo ist der Informationsgehalt der Botschaft, wen interessiert die Mitteilung, dass etwas Geplantes auch tatsächlich eintritt? Ein Anruf würde nur dann einen Sinn ergeben, wenn sich der Anrufer verspäten würde. So aber werden gedankenlos unnötige Störfaktoren produziert.

Zu überlegen wäre auch die Nutzung von Handys außerhalb der Arbeitszeit. Wer nicht in seinem Arbeitsvertrag die Pflicht zur permanenten Rufbereitschaft akzeptiert hat, der sollte dienstliche Telefonate auch nur während der Dienstzeit führen. Und warum sich jemand im Urlaub per Handy mit dienstlichen Belangen herumschlägt, das ist eine Frage für Psychologen oder gar für Psychiater. Dasselbe gilt für den Umgang mit E-Mails. Wer ohne die aktuelle Störmeldung „Sie haben eine E-Mail erhalten" nicht leben kann, der sollte mal nachdenken, was wohl in der Welt passiert wäre, wenn er diese Nachricht nicht erhalten hätte. Hier helfen keine neuen Werkzeuge oder Methoden, sondern schlicht und einfach die Nutzung des gesunden Menschenverstands. So beklagte auf einer Veranstaltung ein Teilnehmer die dauernde Störung durch E-Mails. Auf die Frage, warum er sich nicht von der Verteilerliste nehmen ließe, wenn die Mails ihn nicht direkt betreffen oder zur Tat auffordern, antwortete er in beinahe kindlicher Naivität: „Die Mails interessieren mich schon irgendwie." In manchen Fällen helfen auch keine „Tools" mehr.

Mittlerweile nimmt sich sogar die Politik dieser Medienauswüchse an, um hier gesetzliche Sperren einzuführen. Einige Firmen wie zum Beispiel Daimler oder Volkswagen haben bereits Regelungen entwickelt, die die Mitarbeiter vor Störungen außerhalb der Dienstzeit schützen.

So können Daimler-Mitarbeiter E-Mails während ihrer Abwesenheit automatisch löschen lassen, und zwar jeder Mitarbeiter bis hin zum Manager. Damit Anfragen nicht ins Leere laufen, verweist eine Abwesenheitsnotiz auf den zuständigen Vertreter. Volkswagen hatte bereits Ende 2011 eine ähnliche Regelung erlassen und eine Smartphone-Pause nach Feierabend eingeführt. Die Geräte von VW-Mitarbeitern können zwischen 18:15 und 7 Uhr morgens keine E-Mails mehr empfangen.

Zum Thema effektiverer Umgang mit schnelleren Medien gehört auch immer wieder die Überlegung, Elektronik oder Papier? Hier muss jeder regelmäßig prüfen, welche Werkzeuge in seinem konkreten Fall die Arbeit erleichtern. Einfach mal einen Tagesablauf festhalten, analysieren – und nachdenken.

3.2 Die Dogmen der Gurus

Nun gibt es gerade zum Thema Zeitmanagement und Effektivität jede Menge Literatur und selbst ernannte Fachleute, die ihre diversen Theorien kommerziell vermarkten. Das gestresste Publikum nimmt die Botschaft begierig auf und stellt nach der Rückkehr am Arbeitsplatz fest, dass sich eigentlich nichts ändert. Man ist enttäuscht: Die (teure) Veranstaltung „hat nichts gebracht".

Irgendwie logisch, denn die Werkzeuge verändern weder die organisatorischen Abläufe in einem Unternehmen noch die persönlichen, eingeschliffenen Verhaltensmuster der Beteiligten. Wer glaubt, andere könnten ihn verändern, der unterliegt einem gravierenden Irrtum. Ändern kann man sich nur selbst. Viel eher sollte über Abläufe an seinem Arbeitsplatz nachgedacht werden. Denn wer dauernd neue Werkzeuge sucht, der wird zwar fündig, investiert aber so viel Zeit, die er besser für die Erledigung seiner Aufgaben hätte einsetzen können.

Im Zusammenhang mit Zeitmanagement werden verschiedene Methoden genannt, zum Beispiel die sogenannte „Eisenhower-Matrix", Work-Life-Balance, das Pareto-Prinzip, die GTD-Methode, die ABC-Analyse oder auch eine einfache To-do-Liste.

Jede dieser Methoden hat ihre Anhänger und ihre Kritiker. Der eine bemängelt zu viel Prioritätensetzung, der andere zu wenige Entscheidungskriterien. Der Vergleich zu medizinischen Behandlungsmethoden kommt auf. Der eine schwört auf klassische Behandlung, der andere auf Homöopathie. Hier gilt: Wer heilt, hat recht. Wenn eine Methode funktioniert: okay. Wenn nicht, sollte etwas Neues probiert werden.

Der Zeitmanagementpapst Lothar Seiwert äußert sich zum Thema anlässlich der Herausgabe seines neuen Buches „Ausgetickt", in dem er all seine bisherigen Methoden kritisch betrachtet. In einem Interview der GfA, der Gesellschaft für Arbeitsmethodik, offenbarte er:

„Work-Life-Balance ist Nonsens. Das macht für mich den großen Unterschied. Nicht die in den letzten Jahrzehnten viel beschworene Work-Life-Balance führt zur Entschleunigung und Stressresistenz. Der Faktor, der Menschen ausbrennen lässt, hat nichts mit der Arbeitsbelastung zu tun, sondern mit dem Maß an Fremdbestimmtheit im Leben."

„Das zu erkennen hat mich viele Jahre meines Lebens gekostet. Bücher und Seminare zum Zeitmanagement haben mich wohlhabend gemacht. Sie habe mich zum ‚Papst' des Zeitmanagements, zum ‚Guru', zum ‚führenden Zeitexperten'gemacht – so stand es in der Presse. [...]"

„Es vergeht kein Jahr, indem nicht mindestens eines der neuen Bücher aus diesem Themenfeld die Bestsellerlisten stürmt. Der Bedarf ist riesig. Und der Effekt? Enttäuschend. Obwohl die Tools, die meine Zunft anbietet, wirklich funktionieren. Obwohl ich voll und ganz hinter den Tipps und Ratschlägen aus meinen Büchern stehe."

Seiwert fährt fort: „Und dennoch, die Menschen brennen aus. Depressionen, Erschöpfung, Suchtkrankheiten – explosionsartig breiten sich diese Leiden aus – trotz guter Hilfsmittel für die Organisation des beruflichen und privaten Alltags. Trotz reichlich Jahresurlaub, sozialem Frieden und wenig wirklich existenziellen Bedrohungen. Ich wollte eine Antwort finden, warum manche Menschen Überflieger, Glückskinder und echte Macher sind, während andere ihr Leben lang nur Statisten und Workaholics bleiben. Und ich habe einige Antworten gefunden, wie auch Sie auf die Sonnenseite des Lebens kommen können, ohne zu verbrennen:

Tauschen Sie Sicherheit gegen Freiheit. [...] Und Selbstbestimmung ist das hilf-
reichste Mittel gegen Stress. Befreien Sie sich aus möglichst vielen Abhängigkeiten
oder jenen, die Sie dafür halten. Sie haben hierüber mehr Macht, als Sie denken.
Glauben Sie an die eigene Wirksamkeit und entscheiden Sie selbst über sich und
Ihr Leben. Lernen Sie, Nein zu sagen. Setzen Sie Prioritäten, anstatt Termine zu
machen. Prioritäten bringen Freiheit, Termine engen die Freiheit ein."

Nun, ein Unternehmen, in dem keine Termine gesetzt (und auch eingehalten)
werden, dürfte sich nicht lange am Markt halten können. Trotzdem sollte man
Anzahl und Abstand der Termine immer wieder kritisch hinterfragen.

Seiwert fordert seine Klientel richtigerweise zum Nachdenken auf: „Überlegen
Sie nicht, was alles Schlimmes passieren könnte, wenn Sie Ihre Sicherheit gegen
Freiheit eintauschen. Sondern machen Sie sich klar, auf was Sie alles verzichten,
wenn Sie diesen Tausch nicht machen. Wenn ich selbstbestimmt lebe, gibt es
einfach ein paar Dinge, für die ich mich nicht mehr hergebe, für die ich mir zu
schade bin. Alle machen dieses oder jenes – ich nicht. Man macht das so – ich
nicht. [...] Fremdbestimmung erzeugt Stress. Selbstbestimmung hingegen ist ein
entscheidender Meilenstein auf dem Weg zum Erfolg. Wer das tut, was er liebt, oder
das liebt, was er tut, ist immer der richtige Mensch am richtigen Ort zur richtigen
Zeit."

Das heißt doch eigentlich nichts anderes als öfter mal selbst (nach-)denken!
Sich öfter einmal Gedanken machen über den Tag, über Abläufe, die eigenen Ziele,
die eigene Gesundheit, das persönliche Familienleben. Dazu braucht man keine
teuren Seminare oder Berge von Literatur. Selbstverständlich helfen gelegentliche
Denkanstöße, aber denken muss dann schon selbst – zum Nulltarif.

3.3   Mit Bore-out gegen Burn-out

Die Krankenkassen schlagen Alarm. Burn-out wird immer mehr zu einem belastenden Kostenfaktor. Dabei ist Burn-out gar keine Krankheit, sondern ein Prozess, der
zu den verschiedensten Krankheitsformen führen kann.

Betroffen sind Menschen, die sehr hohe Anforderungen an sich stellen und
gleichzeitig glauben, keine Schwächen zeigen zu dürfen. Wenn dann noch nicht
erfüllbare Zielvorgaben im Raum stehen, die Angst vor dem Verlust der Position
oder gar des Arbeitsplatzes, die Gedanken beeinflusst, ist es nicht mehr weit bis zu
dem Punkt, an dem der Körper eindeutige Signale sendet.

Wer nicht auf die Signale achtet und im Hamsterrad des Alltags voller Fleiß die
Drehzahl steigert, der hat sich nie ernsthaft Gedanken gemacht über sich und sein

Leben. Fällt dann der vermeintliche Sinn des Lebens weg, der Job, dann brechen über Nacht Lebenskonstruktionen zusammen.

Meist sucht derjenige, der nicht hilflos vor seinem eigenen Spiegelbild stehen will, Hilfe bei externen Beratern, gegen Geld. Mit etwas mehr Reflexion hätte man jedoch vielleicht vorher die Stress auslösenden Faktoren erkennen und bearbeiten können. Stress entsteht im eigenen Kopf, sonst nirgendwo. Es ist nicht die Arbeit, die krankmacht, sondern die Einstellung, die man zur jeweiligen belastenden Situation entwickelt. Wer unter Perfektionismus leidet, der wird nie mit einer Lösung zufrieden sein. Wer nie gelernt hat, nein zu sagen, der ist immer in der Gefahr, von anderen ausgenutzt zu werden.

Ein Beispiel für die richtige Einstellung in normalerweise Stress auslösenden Situationen gab der Wettermoderator Jörg Kachelmann in einem Rundfunkinterview. Er hatte gerade eine neue Wetterstation in den bayerischen Alpen eingeweiht und sollte nun zu einer Livesendung nach Dresden fahren. Zwischen München und Nürnberg war allerdings die Autobahn blockiert, sodass der Termin in Dresden nicht mehr zu halten war. Der Moderator fragte ihn: „Da kamen Sie wohl ganz schön in Stress, oder?"

Die beinahe philosophische Antwort Kachelmanns: „Nein, da ich wusste, an der Situation lässt sich nichts ändern, warum hätte dann Stress entstehen sollen? Etwas anderes wäre es gewesen, wenn ich in Dresden kurz vor Sendebeginn keinen Parkplatz gefunden hätte. Aber so war von vornherein klar, der Termin geht in die Hose." Irgendwie logisch, aber so einfach zu denken muss man erst mal lernen.

Nun sind wir in besonderer Weise zeitgesteuert. Termine werden auf jeden Fall eingehalten. Ein Blick über die Grenzen zeigt jedoch, dass es auch ohne minutengenaue Taktung geht. So erlebte ich bei meinen Wirtschaftsplanspielen an der Export-Akademie in Reutlingen den kulturellen Unterschied im Zeithaushalt der Nationen. Wenn das Seminar um 9 Uhr begann, saßen die deutschen Teilnehmer um Punkt neun mit gezücktem Bleistift an ihren Plätzen. Für die französischen Gruppen bedeutete der Startpunkt: Wir fangen nicht vor 9 Uhr an, das akademische Viertel wurde genutzt. Allerdings brachen um Punkt 17 Uhr die deutschen Teilnehmer auf in den „wohlverdienten" Feierabend, während die französischen Teilnehmer noch aktiv bis zur Lösung der gestellten Aufgaben im Seminarraum sitzen blieben.

Ein anderes Beispiel für einen flexiblen Umgang mit der Zeit erlebte ich auf einer Geburtstagsfeier von Bekannten aus Ghana. Beginn laut Einladung war um 16 Uhr, die deutschen Besucher fanden sich pünktlich im Saal ein. Große Überraschung, denn von den Gastgebern war nichts zu sehen. Zwischen 17 und 18 Uhr trafen sie dann ein – und lächelten über die Zeitfetischisten aus Deutschland.

Stress entsteht im eigenen Kopf, wenn man ihn dort entstehen lassen will. Deshalb sollte man öfter mal selber nachdenken über die eigenen Gefühle, die Auslöser, und warum man wie reagiert. Vor allem sollte man sich nicht mehr zumuten, als mit normalem Arbeitsaufwand zu erledigen ist.

Als ich vor einigen Jahren für einen norwegischen Veranstalter eine neue Seminarreihe in Deutschland einführen sollte, da erhielt ich die Unterlagen in Sprachen, mit denen ich nichts anfangen konnte: dänisch, schwedisch, finnisch und norwegisch. Als Übersetzer fiel mir mein ehemaliger Chef ein, ein sprachkundiger Däne.

Er übersetzte mir die wesentlichen Punkte und gab mir ein paar wertvolle Tipps, die mir das Verständnis der nordischen Mentalität erleichterten. Als ich mich verabschiedete, sagte er mit einem Lächeln: „Jürgen, weißt Du noch, wie wir damals in Bonn zusammengearbeitet haben? Du warst ja eigentlich nie so richtig fleißig." Bei diesem Satz lief mir ein leichter Schauer über den Rücken, wer hört so etwas schon gerne über sich selbst. Dann aber kam jedoch der erlösende Satz: „Ich habe mich aber immer gewundert, wie Du Deine Arbeit so schnell und erfolgreich erledigt hast."

Auf dem Nachhauseweg begann ich, nachzudenken: Wie war eigentlich mein Arbeitsstil damals, und vielleicht auch noch heute?

Da fiel mir auf, dass ich mir immer drei Fragen stellte, bevor ich eine Arbeit begann. Die erste Frage lautete: Muss ich das eigentlich machen, gehört das zu meinem Aufgabengebiet? Wenn ich die Frage mit Ja beantworten musste, kam die nächste Frage: Kann das nicht jemand anderes besser, schneller, billiger erledigen? War die Antwort „Nein", dann kam die dritte Frage (die sich die wenigsten Menschen stellen): Was passiert, wenn diese Arbeit gar nicht gemacht wird? Wenn ich dann zum Schluss kam, ich muss es machen, dann habe ich konzentriert und zügig den Job hinter mich gebracht.

Gerade die dritte Frage sollte man sich häufiger stellen, denn viele Routinetätigkeiten werden einfach ausgeführt, weil man sie schon immer so machte. Auf die Frage: „Was passiert, wenn Sie diese Tätigkeit nicht mehr ausführen?" hörte ich bei meinen Kunden häufiger, nach einer kurzen Denkpause, die Antwort: „Eigentlich nichts." Warum also sollte man etwas anfangen, wenn kein sinnvolles Resultat am Ende steht?

Ein ruhigeres Leben setzt voraus, dass man häufiger über Situationen nachdenkt und sich Gedanken über Lösungen macht. Und das kann man selbst, alleine, im stillen Kämmerlein kostenlos tun. Wenn man sich über die wichtigsten Stressfaktoren im Klaren ist, dann kann man in Ruhe eine Verhaltensänderung einleiten. Welche Stress auslösenden Glaubensgrundsätze darf man eigentlich ohne schlechtes Gewissen vergessen?

Sei perfekt Jemand, der immer perfekt sein will, der braucht gar keine Forderungen von außen, der wird seinen eigenen Anforderungen nie genügen können. Warum nicht die eigene Messlatte einfach niedriger hängen?

Mach es allen recht Nirgendwo anecken, mit niemanden in Streit geraten, schnell Ja sagen, nicht unangenehm auffallen. So wird viel Frust heruntergeschluckt, das Magengeschwür gefüttert. Und wer es immer allen recht machen will, der wird von keinem so richtig ernst genommen. (Everybody's Darling = Jedermanns Depp).

Sei stark Wer immer die Superman-Rolle spielt, seine Gefühle unterdrückt, der kommt sehr schnell an seine psychischen Grenzen.

Streng Dich an Wer glaubt, nur gut zu sein, wenn er sich permanent anstrengt, der verkrampft sich sehr schnell.

Beeil dich Manche stehen unter dem Druck, alles schnell und in Hektik zu erledigen. Hektik allerdings ist das eine – Dynamik das andere.

Bei Stress entsteht auch sehr schnell das Gefühl der Hilflosigkeit: Man ist mit einer Situation überfordert, fühlt sich „der Welt" ausgeliefert. Nun heißt es in der Überschrift zu diesem Kapitel „Mit Bore-out gegen Burn-out". Burn-out ist bekannt, aber was ist Bore-out?

Unter Bore-out versteht man Langeweile, nichts zu tun, keine Anerkennung, Frust. Dafür aber jede Menge Ruhe. Auch kein erstrebenswerter Zustand, oder? Es gibt Mitarbeiter, hauptsächlich in Behörden und Verwaltungen, die vor Gericht gegen die Langeweile am Arbeitsplatz geklagt haben. Nun, werden manche sagen, etwas weniger Action am Arbeitsplatz würde mir schon gut tun, so ein Mittelweg zwischen Unter- und Überforderung. Diesen Bereich zwischen Überforderung und Unterforderung nennt man den Flow-Kanal. Der Bereich, in dem eine Tätigkeit Spaß macht, herausfordert, aber weder permanent überfordert noch unterfordert.

Und hier sind wir wieder beim selbst denken. Was mache ich eigentlich? Macht mir mein Job Spaß? Was würde ich gerne machen wollen? Eigentlich simple Fragen, die man selbst beantworten könnte. Aber bevor man sich diese Fragen stellt, delegiert man lieber das Thema an Externe. So sitzen erschöpfte Mitarbeiter in Entspannungsseminaren und hoffen, dass sie anschließend den beruflichen und vielleicht auch privaten Stress besser bewältigen können. Dabei bringt es nichts, an den Symptomen herumzudoktern. Es hilft dem einen oder anderen vielleicht, ein Problem aus einem anderen Blickwinkel zu sehen, zu lernen, über sich selbst zu lachen, und sich nicht zu ärgern. Aber das eigentliche Problem, die Ursache für die eigenen Stressgefühle, ist woanders zu lösen, nämlich dort, wo es entsteht: am Arbeitsplatz oder in der Familie.

Fazit

Hinterfragen Sie regelmäßig Ihren Stil, Ihre Wünsche, Ihre Vorstellungen. Lachen Sie öfter mal über sich selbst, über Ihre Fehler und Misserfolge. Verkrampfen Sie sich nicht. Lassen Sie sich nicht von anderen erzählen oder gar vorschreiben, wie Sie leben sollen. Vor allem ändern Sie häufiger Ihren Blickwinkel. Denn aus einer anderen Perspektive sehen Stresssituationen häufig ganz harmlos aus. Denken Sie daran: Nur Dienstboten müssen immer erreichbar sein, und Handys sind eigentlich nur für Notärzte und Verliebte.

Muss man als Chef nicht ab und zu mal nachdenken?

4

Gingen Superman und Eulenspiegel auch auf Motivationsseminare?

In großen Hallen
Manchmal da fallen
Sprüche und Thesen
Und wer dabei ist gewesen
Fragt: Von was war der Redner befallen?

Die Themen des Kapitels
Motivation durch wen, was und wie?
Management by was eigentlich?
Über glühende Kohlen und Glasscherben

4.1 Besser, schneller, effektiver

In einer Hotelbar saß ein Mann neben mir mit einem Seminarprospekt in der Hand. „Muss man als Chef nicht mal nachdenken?" murmelte er hörbar in meine Richtung. Da besteht wohl Gesprächsbedarf, dachte ich mir und blickte ihn an. „Wie kommen Sie denn da drauf?", fragte ich ihn. Er zeigte mir den Prospekt. „Schauen Sie mal, was mein Chef mir da zugemutet hat. Ich musste mir heute den ganzen Tag über das Geschwafel dieses Gurus anhören. Zusammengeklebte Kalenderweisheiten, teuer verkauft."

Ich schaute mir die Schlagzeilen der Veranstaltung an:

Wie Sie die Kraftquelle des Unterbewusstseins aktivieren und nutzen
Die ureigenen Talente und Fähigkeiten identifizieren
Wie Sie die schöpferischen Quellen des kreativen Selbst entdecken

J. W. Goldfuß, *Selber denken kostet nichts*,
DOI 10.1007/978-3-658-00847-5_4, © Springer Fachmedien Wiesbaden 2013

Die lineare und sphärische Wahrnehmung des Selbst
Selbstreflexion, Transformation und Integration
Selbstfindung und Visionsentwicklung
Energie, Zeit, Raum und Materie entdecken
Wie Sie die vier geistigen Prinzipien zur „mentalen Erfolgsprogrammierung"
einsetzen

Eine Art Betriebsanleitung für Superman, dachte ich. Mein Nachbar erzählte
mir nun, dass sein Chef sich von solchen Veranstaltungen eine spürbare Lei-
stungssteigerung erwarte. Er gehe davon aus, dass nach einem solchen Aufbautag
die Motivation gesteigert werde und bis zum nächsten Auffrischungstag anhal-
te. Ich musste schmunzeln, denn ich hatte schon oft Führungskräfte erlebt, die
glaubten, dass ein routinierter Redner andere Menschen motivieren könne. Motivation lässt sich jedoch auf eine einfache Formel bringen: $M=B+A$, Bedürfnis +
Anreiz. Wenn beides nicht zusammenkommt, dann nutzen auch die teuersten
Motivationsmaßnahmen wenig. Ohne eigene Motivation, die sich aus den persönlichen Bedürfnissen und Anreizfaktoren eines Menschen ergibt, sind alle externen
Motivationsversuche sinnlose Aktivitäten.

Und ebenso wie Essen, Trinken und Baden hält Motivation nur eine begrenzte
Zeit lang an. Ein Strohfeuer brennt zwar schön hell – aber nicht sehr lange.

Ich fragte meinen Sitznachbar nun, ob der Tag nicht wenigstens irgendeine neue
Anregung für sein berufliches oder privates Leben gebracht habe. „Ach, wissen Sie,
alles, was der Meister auf der Bühne erzählt hat, das wusste man doch schon längst.
Binsenweisheiten, neu verpackt. Mit ein bisschen Reflexion und nachdenken über
sich selbst wäre man zu denselben Ergebnissen gekommen. Der Unterschied: Es
hätte nichts gekostet. Aber dadurch, dass man seine Mitarbeiter zu einer gut ver-
markteten Koryphäe schickt, glaubt man, dass hinterher alles besser, schneller,
effektiver läuft. Das entbindet häufig davon, sich über Betriebsklima, Motivati-
onsfaktoren und Abläufe Gedanken zu machen. Diese Arbeit hat man an den
‚Motivator' weg delegiert."

Ich musste ihm recht geben, denn es sind vielfach Alltagsweisheiten, die von
der Bühne herab verkündet werden. Die beeindruckenden Erfolgsgeschichten, die
dort als Beispiel genannt werden, stellen sich bei genauer Betrachtung häufig als
Legende heraus. Und wer an den dauerhaften Erfolg glaubt, der unterliegt ohnehin
einer Illusion.

Ich erinnerte mich an den Inhaber eines Metallbetriebs, der mich aufforderte:
„Motivieren Sie mal meine Leute." Nun hatte ich bereits beim Pförtner und im
Vorzimmer einen Eindruck vom Betriebsklima des Unternehmens gewinnen können; Misstrauenskultur und Schuldzuweisungen waren nicht zu übersehen bzw. zu
überhören. Auch das Antlitz meines Gegenübers zeugte nicht von Vertrauen, von

Humor ganz zu schweigen. Als ich ihm erklärte, wie Motivation funktioniert und dass er als Chef für ein nicht demotivierendes Umfeld verantwortlich sei, da konnte ich seine Hilflosigkeit förmlich spüren. Seine „Philosophie": Die Mitarbeiter erhalten Weisungen, die sie erfüllen müssen, dafür werden sie schließlich bezahlt. Über grundlegende Regeln des Miteinanders hatte er wohl noch nicht oft nachgedacht.

4.2   Wie aus einem Flop das Gegenteil werden kann

Nun gibt es durch Werkzeuge wie Handy, E-Mails usw. einen Trend zu „immer schneller". Ein Trend, der häufig in Hektik ausartet. Wer nicht sichtbar gestresst wirkt, der scheint nicht ausgelastet zu sein. Wer Ruhe und Zufriedenheit ausstrahlt, der wird schnell als nicht sehr engagiert, ja vielleicht sogar als faul betrachtet. Wirkt er allerdings, dem Zeitgeist gemäß, fleißig, rotiert er im Hamsterrad, dann schickt man ihn zur „Abhilfe" auf ein Zeitmanagementseminar, damit er seine Arbeitszeit besser verwalten kann. Dabei ist Zeit gar nicht zu managen. Man kann lediglich den Umgang mit der vorhandenen Zeit sinnvoller gestalten. Das setzt aber eine Verhaltensänderung voraus, ein anderes Selbstmanagement, ein Nachdenken über sich selbst und seinen Lebens- und Arbeitsstil. Hierzu eine kleine, aber treffende Geschichte von Till Eulenspiegel.

Till Eulenspiegel ging eines schönen Tages mit seinem Bündel an Habseligkeiten zu Fuß zur nächsten Stadt. Auf einmal hörte er, wie sich Hufgeräusche näherten, und eine Kutsche hielt neben ihm. Der Kutscher hatte es sehr eilig und rief: „Sag schnell – wie weit ist es bis zur nächsten Stadt?" Till Eulenspiegel antwortete: „Wenn Ihr langsam fahrt, dauert es wohl eine halbe Stunde. Fahrt Ihr schnell, so dauert es zwei Stunden, mein Herr." „Du Narr", schimpfte der Kutscher, trieb die Pferde zu einem schnellen Galopp an und die Kutsche entschwand Till Eulenspiegels Blick. Till Eulenspiegel ging gemächlich seines Weges auf der Straße, die viele Schlaglöcher hatte. Etwa eine Stunde später sah er nach einer Kurve eine Kutsche mit gebrochener Vorderachse im Graben liegen. Es war just der Kutscher von vorhin, der sich nun fluchend daran machte, die Kutsche wieder zu reparieren. Er bedachte Till Eulenspiegel mit einem bösen und vorwurfsvollen Blick, worauf dieser nur sagte: „Ich sagte es doch: Wenn Ihr langsam fahrt, eine halbe Stunde. . . .".

Öfter mal innehalten, selber nachdenken. Und so mancher verwechselt das Hamsterrad mit der Karriereleiter.

Viele werden trotzdem weiterrasen auf dem Weg zum Ziel. Und wer den Sprung in die Chefetage anstrebt oder bereits geschafft hat, der wird sich mitunter von den diversen Führungstheorien beeinflussen lassen. Dabei helfen ihm die vielen „Management by . . ."-Modelle, die immer wieder für neuen Umsatz bei Veranstaltungen, Büchern und CDs sorgen, denn wer will sich schon nachsagen lassen, er sei nicht auf dem neuesten Stand der Weisheit.

Allerdings gibt es „Management by . . ."-Methoden, von denen man nie genau weiß, ob sie aus ernsthaften Überlegungen oder der Abteilung „Kabarett" stammen, hier einige Beispiele:

So findet man im Internet unter anderem:

MbF Management by fun: Ein bisschen Spaß muss sein.

MbE Management by exception: Es kommt immer anders, als man denkt.

MbD Management by diversity: Vermeidet geistige Inzucht.

MbO Management by objectives: Schön, wenn man Ziele hat.

MbS Management by Shakespeare: Sein oder nicht sein.

MbD Management by delegation: Wer abgibt, hat mehr vom Leben.

MbR Management by results: Gut, wenn was dabei rauskommt.

MbC Management by crisis: Was uns nicht umwirft, macht uns härter.

MbP Management by projects: Wird von Bahn und Flughafengesellschaften praktiziert.

MbG Management by Gott: (hierzu fiel mir allerdings nichts mehr ein).

Bei allem, was wir tun, suchen wir den Erfolg. Misserfolge werden als unangenehm betrachtet: verlorene Zeit, verschwendetes Geld. Vielleicht sollte man aber über „Flops" anders nachdenken. So entwickelte zum Beispiel die Forschungsabteilung der Firma Wick ein flüssiges Mittel gegen Erkältungen. Das neue Präparat linderte zwar den kratzenden Hals und die tränenden Augen, als Nebenwirkung macht es allerdings schläfrig. Das stellte sich als ein Problem heraus für diejenigen, die zur Arbeit gehen oder Auto fahren wollten. Statt die Forschungskosten abzuschreiben und das Projekt für gescheitert zu erklären, positionierte man es als Erkältungsmittel für die Nacht. Dementsprechend wurde die Werbung aufgezogen: „Das erste Erkältungsmittel für die Nacht." Wick war der Erste auf dem Markt mit einem solchen (ungeplanten) Produkt und „Wick MediNait" wurde das erfolgreichste Produkt in der Firmengeschichte.

Eine ähnliche „Misserfolgsstory" stellen die gelben Zettel von 3M dar. Ein Klebstoff, der nicht richtig klebte, also ein Flop. Bis ein Mitarbeiter von 3M, ein eifriger Kirchgänger, feststellte, dass er die Seiten seines Gesangbuchs mit diesem Abfallprodukt wunderbar markieren konnte, ohne die Blätter beim Entfernen der Notizzettel zu beschädigen. Eine Welt ohne die gelben Zettel – nicht mehr vorstellbar.

Neudenken, umdenken, überhaupt nachdenken – und schon sehen manche Dinge anders aus.

4.3   Über glühende Kohlen und Glasscherben

Was haben Menschen und Affen gemein? Etwas haben zumindest die männlichen Vertreter der beiden Gattungen gemeinsam: das rituelle Trommeln. Der Affe signalisiert damit seinen Status und versucht, seine Umgebung zu beeindrucken. Der Mensch nutzt in der Regel subtilere Gesten, außer bei Motivationsritualen, da wird die Seelenverwandtschaft wieder sichtbar. Ein Beispiel erlebte ich auf einer Veranstaltung zum Thema „Kundenservice und Reklamationen", für die ich als Referent gebucht wurde. Der Leiter des Verbands, der seine Mitglieder zu der Veranstaltung eingeladen hatte, begrüßte die Teilnehmer nun mit einer „Motivationsrede". Er erzählte stolz von seiner Teilnahme an einem Event mit einem der bekanntesten Motivationstrainer. Noch ganz unter dem Eindruck des dort Gehörten bat er die Teilnehmer aufzustehen, mit beiden Händen auf die Brust zu trommeln und laut „Tschaka" zu rufen.

Während die anwesenden Herren mit dieser „Selbstbeklopfung" kein Problem hatten, schauten die Damen etwas hilflos in die Runde – und führten das Ritual eher symbolisch aus. Als ich die Reaktion des Publikums sah, die erstaunten, überraschten Gesichter, da war mir die Situation recht peinlich. Um mich von dieser Affennummer zu distanzieren, suchte ich demonstrativ in meinen Unterlagen herum. Als der Vorturner den Raum verlassen hatte, da begann eine lebhafte Diskussion. Es fielen Begriffe wie „Affenzirkus" und Sätze wie „Ist der eigentlich wahnsinnig?" Ich versicherte den Teilnehmern, dass der Rest des Tages ohne Motivationsschreie, Sackhüpfen oder ähnliche Kindergeburtstagsscherze ablaufen werde. Tiefes Aufatmen.

Eine ähnliche Situation erlebte ich bei einer anderen Firmenveranstaltung, als der Verkaufsleiter beim Mittagessen plötzlich auftauchte und mit Affengetrommel (auf seiner eigenen Brust) für einen Motivationsschub sorgen wollte. Er erkundigte sich danach noch bei mir, ob ich die Leute auch richtig motiviere. Als ich dann einige Demotivationsfaktoren ansprach, die beim vorhergehenden Workshop als Brennpunkte identifiziert worden waren, da zog sich nicht nur das strahlende Lächeln aus seinem Gesicht, sondern auch er selbst sich zurück.

Wenn die Voraussetzungen nicht stimmen, dann nutzt auch die teuerste Motivationsveranstaltung nichts. Nun bringen die Motivationsgurus ihre Botschaft nicht nur mit Schreien oder Trommeln an den Mann oder die Frau. Man arbeitet auch mit medienwirksamen spektakulären Einlagen: barfuß über Glasscherben oder übers Feuer. Den Teilnehmern wird vorgegaukelt, dass sie mit ihrer Willenskraft, ihrer Energie, ihrem Chakra (oder was gerade „en vogue" ist) diese eigentlich unmöglichen Aufgaben bewältigen können.

Dabei handelt es sich, wie bei jedem Zauber, um einfache Tricks. Stumpfe Glasscherben zum Beispiel kann man einfach selbst herstellen: Die Scherben werden unter fließendem Wasser abgewaschen, um kleine Splitter zu entfernen, und dann in reichlich Wasser einige Stunden gekocht. Dickwandiges Glas eignet sich besonders, die Flaschenböden sind in jedem Fall rauszunehmen. Der Untergrund unter den Scherben schließlich muss hart sein und darf nicht nachgeben.

Und der spektakuläre Feuerlauf? „Entfessle deine verborgenen Kräfte und überschreite deine Grenzen. Der Feuerlauf ist mehr als nur ein Kick. In diesem Seminar erfährst du, wie man hinderliche Glaubenssätze verändert und transformiert."

Die „Wundernummer" lässt sich physikalisch einfach erklären: Ob die glühende Holzkohle Verbrennungen verursacht oder nicht, hängt von ihrer Wärmekapazität und von ihrer Wärmeleitfähigkeit ab, nicht aber von der Temperatur. Die Asche, die die Glut umhüllt, ist ein sehr schlechter Wärmeleiter, die Oberfläche der Kohlen ist uneben, ihre Kontaktfläche klein. Die Kontaktzeit des Feuerläufers mit der Glut ist kurz, sodass die Füße bei jedem Schritt den Boden nur weniger als eine halbe Sekunde berühren. Die Wärme wird vom Blut schnell abtransportiert, deshalb nehmen die Füße keinen Schaden." Soweit das Institut für Stadt-Ethologie in Wien 1981.

Ohne Vorbereitungszeremoniell, ohne jegliche psychophysischen Ausnahmezustände, ohne Verknüpfung mit religiösen Glaubensinhalten, ohne spezielle Gentechnik und andere Hilfsmittel kann jeder barfuß in normaler Alltagsverfassung solche „Mutproben" bestehen.

Der ganze Hokuspokus um die mentalen Vorgänge im Kopf soll also von den banalen physikalischen Grundlagen ablenken. Natürlich müssen Glasscherben und Holzkohle finanziert werden, ebenso wie die goldenen Worte und Hochglanzprospekte des Gurus. Wunder waren noch nie umsonst zu haben.

Der Trainer Jürgen Klopp antwortete auf die Frage, welche teambildenden Maßnahmen er denn im Dortmunder Trainingslager geplant habe: „Wir haben nicht vor, über glühende Kohlen zu laufen. Es hilft total, sich nicht wie ein Arsch zu verhalten".

Fazit

Mit etwas nachdenken und recherchieren lassen sich die Erfolg verheißenden Sprüche und Theorien so manches Veranstalters schnell entlarven. Dadurch lassen sich Zeit und Geld sparen – indem man die unbewiesenen Thesen ignoriert. Wer durch Nachdenken ein Erkenntnisproblem gelöst hat, der steht allerdings vor dem nächsten Problem, nämlich der Umsetzung. Dabei hilft ihm keiner der Meister auf der Bühne. Halten Sie öfters einmal inne. Auch ein Grashalm wächst nicht schneller, wenn man an ihm zieht.

Warum der Vorstand gerne Dreirad fährt   5

Erwachsen – oder nur groß gewachsen?

Ein Mensch glaubt dass er bedeutend sei
Dabei ist ihm ganz einerlei
Was andere Leute von ihm halten
Schließlich muss er ja alle lenken
Denn andre können wohl nicht denken

Die Themen des Kapitels
Dem Sandkasten entwachsen
„Hochbeförderte" und ihre Probleme
IQ oder EQ – das Fall-Kriterium

5.1   Der teure Sandkasten

Ich war einmal bei einem regionalen XING-Treffen in einer Klinik im Schwarzwald. Dort wurden häufig Tagungsräumlichkeiten an Firmen vermietet. Der Klinikleiter zeigte uns bei einer Führung durch das Haus einen Raum, den er scherzhaft als das „Vorstandszimmer" bezeichnete. Wir waren alle etwas überrascht, denn wir standen eher in einer Art Kinderzimmer oder Spieleparadies in einem Möbelhaus.

Der Boden war bedeckt mit lauter bunten Bällen, zwischen denen mehrere kleine Kunststoffdreiräder standen. Wir wurden aufgeklärt, dass nach Geschäftsführer- und Vorstandssitzungen die Herren begeistert mit den Dreirädern durch die Bälle führen und sich ebenso begeistert mit den Bällen bewarfen.

J. W. Goldfuß, *Selber denken kostet nichts*,
DOI 10.1007/978-3-658-00847-5_5, © Springer Fachmedien Wiesbaden 2013

Der Klinikleiter meinte, es sei rührend anzusehen, wie sich die „lieben Kleinen" kindlich amüsieren, wenn sie endlich mal etwas tun dürfen, was im Leben „draußen" als grober Regelverstoß angesehen würde. Ein Grundbedürfnis offenbar, sich mal gehen lassen zu können, unbeobachtet von den kritischen Blicken der Mitarbeiter. Nun, so mancher gestresste Topmanager tobt sich in einem Domina-Studio aus, andere fallen zurück in die Kindheit.

Erwachsene Menschen spielen nun einmal immer noch gerne im Sandkasten. So lässt sich auch manche Vorstandssitzung beschreiben. Der Unterschied: Die Förmchen sind heute sind teurer als damals im Sandkasten.

Erwachsene Menschen? Gibt es die überhaupt? Oder sind es nur groß gewachsene Menschen mit einem kindlichen Herzen? Der Unterschied zwischen einem Erwachsenen und einem Kind besteht im Wesentlichen im Wort- und Erfahrungsschatz. Ansonsten sind die Verhaltensmuster dieselben. Wenn man Diskussionen im Fernsehen oder in Unternehmen verfolgt, so stellt man immer wieder eine Kindergartenatmosphäre fest. Die Argumente klingen zwar „erwachsener", das Verhalten erinnert aber an kleine trotzige Kinder.

Und so wie die Kleinen einen Sandkasten suchen, in dem sie kreativ oder auch zerstörerisch wirken können, so suchen „Erwachsene" ihren Spielbereich, in dem sie sich austoben und entfalten können. Deshalb sollten Sie gewisse Verhaltensmuster auch nicht allzu ernst nehmen. Nur weil jemand eine „höhere Position" bekleidet, bedeutet das nicht automatisch, dass sein Verhalten eine höhere Entwicklungsstufe erreicht hat.

5.2 Die Statusstatuten

Zu den „Spielzeugen" gehören selbstverständlich die sichtbaren Zeichen von Macht und Einfluss: die Statussymbole. Hier ist die ganze Bandbreite menschlicher Fantasie im Spiel. Vom Parkplatz in bevorzugter Lage über den repräsentativen Firmenwagen bis hin zum hochflorigen Teppich reicht die Palette mit Symbolen der menschlichen Hackordnung. Da wird die Anzahl der Fenster im Büro ebenso zum Unterscheidungsmerkmal wie die Anzahl und Größe der Topfpflanzen.

Eigentlich unvorstellbar, aber wahr: Das Statussymbol Nr. 1 in einem großen deutschen Unternehmen, das war der Schlüssel zur Vorstandstoilette. Wer sich dort entleeren durfte, wo es der Vorstand tat, der hatte es wahrlich geschafft – eine echte Anerkennung bei einem sakralen Akt. Ich hätte mir für meine Kabarettnummer keine schönere Steilvorlage vorstellen können.

Die Geschichte erinnert an den berühmten Dirigenten Karajan. Er forderte bei seinen Konzerten, eine eigene Toilette für ihn zu reservieren. Seinem Kollegen Hans Knappertsbusch ging diese Marotte derart auf den Geist, dass er ein Schild an die Toilette für die nicht Privilegierten anbrachte: „Für die anderen Arschlöcher". Auch bei der Notdurft sind offenbar nicht alle gleich.

Aber Statussymbole können auch richtig Geld kosten. Als im Neubau einer Firmenzentrale der Geschäftsführer sich ein repräsentatives Büro einrichten ließ, da veranlasste der Vorstandsvorsitzende anlässlich seines Besuchs misstrauisch, die Zimmergröße nachzumessen. Dabei stellte sich heraus, dass das Zimmer sechs Quadratmeter größer war als das des Vorstandsvorsitzenden. So etwas kann man natürlich nicht auf sich sitzen lassen. Die Handwerker mussten eine Wand verschieben, sodass die Rangordnung wieder sichergestellt war. Dass im danebenliegenden Konferenzraum nun plötzlich einige Säulen sinnlos frei herum standen, das erinnerte jedesmal daran, dass man nicht ungestraft gegen Statusstatuten verstoßen darf.

Statussymbole finden sich überall. Sei es der exotische Urlaubstrip an einen Ort, dessen Lage einem nicht so ganz geläufig ist – Hauptsache, man war dort, wo andere noch nicht waren. Sei es die demonstrativ gezeigte Rolex am Arm oder der protzige Füllfederhalter, den man zwar seit Jahren nicht mehr benutzt, der aber optisch etwas hergibt – alles Spielzeuge, um dem Umfeld etwas über die eigene, sich selbst zugedachte Bedeutung zu demonstrieren. So schwebt so mancher abgehoben durch die Welt, ignoriert das „Fußvolk". Und ab einer gewissen Flughöhe sieht man keine Menschen mehr. Erst wieder bei der Landung. Aber dann meist schneller, als man denkt.

5.3 Nicht alles, was zählt, kann gezählt werden

Man erlebt es immer wieder. Menschen mit hoher Intelligenz und profundem Fachwissen scheitern, vermeintlich plötzlich. Dabei war die Entwicklung vorhersehbar. Die messbare Intelligenz, der IQ, lag zwar im oberen Bereich, die emotionale Intelligenz, der EQ, war aber nicht ausreichend vorhanden. Im Gegensatz zum IQ ist der EQ nicht messbar, dafür aber spürbar. Goethe bezeichnete diese Eigenschaft als „Herzenswärme". Viele verwechseln sie mit Gefühlsduselei, Naivität oder fehlender Durchsetzungskraft. Und um genau diesen Eindruck nicht entstehen zu lassen, präsentieren sie sich in einer Art und Weise, die bei anderen als unangenehm empfunden wird.

Was genau versteht man unter dem Begriff „Emotionale Intelligenz"? Eigentlich Selbstverständliches, wenn man mit anderen problemlos umgehen möchte. Da ist zuerst die Kommunikationsfähigkeit: Wie kommuniziert man richtig? Dazu gehört nicht nur die empfängergerechte Wortwahl, sondern auch die passende Tonlage und Sprechgeschwindigkeit. Für viele ist der Satz „Der Empfänger hat immer recht" nicht nachvollziehbar. Schließlich hat man sich doch eindeutig geäußert. Dabei ist aber nicht entscheidend, was man sagt, sondern was bei der Gegenseite ankommt und verstanden wird.

Zur Emotionalen Intelligenz gehört auch ein „gesundes Selbstbewusstsein". Das setzt voraus, dass man in der Lage ist, sich selbst richtig einzuschätzen. Eine der schwierigsten Übungen im Leben, schließlich ist man, was die eigene Person betrifft, eher betriebsblind. Das lässt sich relativ einfach vermeiden, indem man häufiger andere fragt, was sie von einem halten. Denn man gewinnt immer, wenn man weiß, was andere über einen denken. Die Befragten sollten allerdings nicht in einem Abhängigkeitsverhältnis stehen. Auch Familie und Verwandtschaft sind meist nicht objektiv genug, ein verlässliches Urteil abzugeben.

Ein weiterer Aspekt der Emotionalen Intelligenz ist die eigene Motivationsfähigkeit. Wie kann man sich selbst motivieren? Vor allem dann, wenn der Eindruck entsteht, die ganze Welt habe sich gegen einen verschworen. Ein bewährtes Mittel in vermeintlichen Krisenzeiten ist der Humor. Ein Satz wie „Es hätte ja noch viel schlimmer kommen können" hat eine gewisse Ventilwirkung in Stresssituationen.

Emotionale Intelligenz beinhaltet auch die soziale Kompetenz. Darunter versteht man die Fähigkeit, Kontakte und Beziehungen aufzubauen; eine Fähigkeit, die in Zukunft immer wichtiger wird. Hier sind weniger die über die technischen Medien verfügbaren Netzwerke gemeint (wie viele Facebook-Freunde verdienen tatsächlich den Begriff „Freund"?), sondern persönliche Kontakte, die wiederum zu weiteren Kontakten führen.

Ein weiterer wichtiger Punkt ist die Selbststeuerung, der Umgang mit den eigenen Gefühlen. Wer schnell zu cholerischen Ausbrüchen neigt, der wird von seiner Umwelt wenig ernst genommen und verständlicherweise gemieden. Selbstkontrolle und das Wissen darüber, dass jeder selbst für seine eigenen Reaktionen verantwortlich ist, lassen einen ruhiger durchs Leben schreiten.

Der letzte Punkt der Emotionalen Intelligenz ist die Empathie, die Fähigkeit, sich in andere hineinzuversetzen. Ein absolutes Muss zum Beispiel für Menschen, die ihr täglich Brot im Vertrieb verdienen. Wer in der Lage ist, die Gedanken, Bedürfnisse und vielleicht auch Ängste seines Gegenübers zu erkennen und zu verstehen, der ist auch eher in der Lage, seine Ziele und Vorstellungen richtig an den Mann oder die Frau zu bringen.

Fazit

Denken Sie einmal darüber nach, ob Sie die ganze Statusgeschichte eigentlich nötig haben. Im Dunstkreis Gleichgesinnter mag es zwar schwierig sein, sich von dem „Spielzeug" zu distanzieren, aber in Ihrem Umfeld wird man den Unterschied positiv bemerken: Der oder die hat das gar nicht nötig. Persönlichkeit ist das, was übrig bleibt, wenn man Ämter, Orden und Titel von einer Person abzieht. Ein Pferd ohne Reiter ist immer noch ein Pferd. Ein Reiter ohne Pferd ist allerdings nur noch ein Mensch. Und diese Erkenntnis kann ganz schön schmerzhaft sein, wenn man vorher auf einem sehr hohen Pferd gesessen hat.

Oben ist die Luft auch nicht schlauer

6

Selbst Unwissen will richtig verkauft werden

> So mancher tut ganz gerne wichtig
> Und glaubt, was er so sagt, sei richtig
> Und weil er denkt, er sei ganz toll
> nimmt keiner ihn so ernsthaft voll
> denn seine Botschaft war ganz nichtig

Die Themen des Kapitels
Sinn von Outdoor-Veranstaltungen
Für den Job geeignet?
Es gibt immer mehr als eine Perspektive

6.1 Draußen vor der Tür – Outdoor oder Indoor?

Eine beliebte Form von Motivationsveranstaltungen sind Outdoor-Trainings. Ursprünglich zur Auswahl von Offiziersanwärtern der Reichswehr eingesetzt, gibt es mittlerweile verschiedene Formen der Bewährungsproben im Freien. Etwa das Survival-Training, eine Übung in zivilisationsfernen Gegenden. Dazu gehören die Beschaffung von Nahrung und Trinkwasser, der Zeltbau und das Anzünden von Feuer ohne technische Hilfsmittel. Kein schlechtes Training für Notsituationen, die zwar unwahrscheinlich, aber nicht ausgeschlossen werden können. Während der Expeditionen, bei denen verschiedene Aufgaben gelöst werden müssen, werden Flüsse mit selbstgebauten Seilbrücken oder Flößen überwunden sowie Orientierungsübungen durchgeführt. Kenntnisse, die bei Ausfall eines Navis ganz hilfreich

J. W. Goldfuß, *Selber denken kostet nichts*,
DOI 10.1007/978-3-658-00847-5_6, © Springer Fachmedien Wiesbaden 2013

sein können. Dann gibt es noch die Hoch- und Niedrigseilgärten, in denen Höhen-
angst und Trittsicherheit die Hauptrolle spielen. Hier erlebt so mancher, dass er
auch im Notfall besser balancieren kann, als ihm bewusst war.

Dazwischen sind Mischformen denkbar, bei denen auch projektbezogene Aktivitäten mit einfließen können. Über Sinn und Unsinn solcher Veranstaltungen
gibt es geteilte Meinungen. Selbstverständlich hilft es im täglichen Alltag, wenn
Kollegen sich auch mal außerhalb der geordneten Büroatmosphäre in gespielten
Stresssituationen näher kennenlernen. Vielleicht stellt man auch fest, dass der Kollege aus der Buchhaltung, der mit randloser Brille und einbetoniertem Scheitel,
tatsächlich über Humor verfügt.

So mancher hat bei Outdoor-Übungen auch erkannt, dass er Fähigkeiten besitzt,
die ihm bisher verborgen waren. Dann hat das Outdoor-Training dem Teilnehmer
ein Stück mehr Selbstvertrauen und Selbstbewusstsein vermitteln können. Gemeinsam erlebte kritische Situationen schweißen zusammen – oder aber sie reaktivieren
und verstärken vorhandene Antipathien.

Es sollte aber immer unterschieden werden zwischen den gespielten Situationen
im Freizeitbereich und den realen Konflikten am Arbeitsplatz. Der Kollege, der
sich gestern noch als hilfreicher Partner beim Abseilen von einem Baumwipfel
erwies, könnte morgen das Halteseil durchschneiden, nämlich wenn es darum
geht, wer beim Personalabbau übrigbleibt. Denn wenn es ums Überleben geht,
wird so manche Regel der Zivilisation über Bord geworfen.

6.2 Yes you can – oder doch nicht?

Gerade wenn man von einem aufputschenden Motivationsseminar voller Begeisterung zurückkommt, sollte man die derzeitigen eigenen Grenzen erkennen und
analysieren. Nicht jeder kann alles, nicht jeder hat alle Fähigkeiten. Es lassen sich
zwar viele Wissenslücken schließen, aber Verhaltensmuster und Neigungen sind
nicht mit ein paar lockeren Sprüchen zu verändern. Gerade im Bereich Selbstständigkeit erlebt man immer wieder, dass sich Menschen voller Euphorie in ein (meist
Franchise-)System begeben, um dann nach einigen Investitionen in Zeit und Geld
feststellen zu müssen, dass sie sich nun in einem anderen Umfeld als im bisher
gewohnten, abgesicherten Angestelltenverhältnis befinden. Das schmerzhafte Er-
wachen hätte man vermeiden können, wenn man sich vorher besser informiert und
nachgedacht hätte – über sich und die Erfolg verheißende Idee.

Ich erinnere mich an eine Seminarreihe in Nürnberg. Dort trainierte ich mit
arbeitslosen Akademikern, wie man sich richtig bewirbt, vor allem aber, wie man

herausfindet, für welche Tätigkeiten man sich überhaupt bewerben sollte. Ein Teilnehmer zeichnete sich durch extrem hohe Auffassungsgabe und beeindruckende Intelligenz aus. Sein großer Mangel allerdings bestand in fehlender Empathie, er konnte mit den anderen Seminarteilnehmer, nie richtig warm werden. Er strahlte eine gewisse Kälte aus, die von vielen sogar als Arroganz empfunden wurde. Sein Berufswunsch war Lehrer, und er hatte bereits alle erforderlichen Prüfungen und Zertifikate in der Tasche. Niemand wollte ihn allerdings einstellen. In einer Pause fragte ich ihn unter vier Augen, wieso er gerade Lehrer habe werden wollen. Schließlich liege ihm der Umgang mit anderen Menschen doch wohl nicht so ganz am Herzen. Seine Begründung für den Berufswunsch war einfach und gleichzeitig erschreckend. Der Vater war Lehrer und die Mutter war Lehrerin, und seine Eltern erwarteten von ihm denselben Karriereweg.

Da fielen mir einige Leute ein, die ich in meinen beruflichen Leben getroffen hatte und die ebenfalls auf Grund externer Prägung im falschen Job waren. Sie hatten offenbar nie ihre Stärken und Schwächen, ihre Neigungen und Abneigungen ernsthaft betrachtet. Nicht jeder ist für jeden Job geeignet. Wer sich aber in seinem Aufgabengebiet wohlfühlt und von seinem Umfeld positive Rückmeldung erhält, der kann sicher sein, die richtige Wahl getroffen zu haben.

6.3 Weil's in der Zeitung stand

Nun findet man heute dank der vielen Publikationsmöglichkeiten eine Menge selbsternannter Experten, die sich berufen fühlen, zu jedem Thema einen Beitrag leisten zu müssen. Sei es in Blogs, Webinaren oder über die vielen Eigenverlage und „Print on Demand"-Kanäle. Wenn der Verfasser einen wohlklingenden Titel besitzt (erworben oder rechtmäßig erarbeitet), dann verleiht ihm dieses Attribut auf jeden Fall den Nimbus des Experten. Wenn er oder sie außerdem häufig in der Presse zitiert wird, dann muss wohl etwas dran sein am Expertenstatus. Interessant sind die widersprüchlichen Beiträge in den verschiedenen Chatrooms und Blogs, in denen sich „Experten" verbal bekämpfen. Oft werden dort plausibel klingende Theorien von „gegnerischen" Fachleuten widerlegt. Nun, wie der Volksmund schon wusste: Studium schützt vor Dummheit nicht. Wie viele gelehrt klingende Thesen landeten schon nach kritischer Prüfung im Papierkorb? Und dass die Erde eine Scheibe sei, diese ehemals unumstößliche Wahrheit traut sich heute keiner mehr zu behaupten.

Wenn im medizinischen Bereich immer wieder empfohlen wird, eine zweite Meinung einzuholen, so bedeutet dies nicht, dass man dem Arzt mangelnde

Fachkenntnis vorwirft. Es heißt ganz einfach, jemand anderen mit einem anderen Blickwinkel, mit einem anderen Erfahrungsschatz um seine Einschätzung zu bitten und aus beiden, vielleicht divergierenden Positionen seine eigene Meinung zu festigen.

Selber denken und nicht die anderen für sich denken lassen: Das ist keine schlechte Philosophie und gilt nicht nur für den medizinischen Bereich. In anderen Sektoren sollte man sich ebenfalls mehrere Standpunkte anschauen, um dann eine eigene Meinung zu bilden. Das klassische Übungsfeld ist die Politik. Wer unkritisch den Thesen einer Partei folgt, der darf anschließend nicht enttäuscht sein, wenn er sich in die falsche Richtung bewegt hat. Wer allerdings in einem Umfeld groß wurde, in dem Lehrer bereits für Intellektuelle gehalten werden, der tut sich schwer beim kritischen Hinterfragen von Meinungen, die mit der Überzeugungskraft von Autoritäten vorgetragen werden.

Gefährlich und richtig teuer wird es dann, wenn sich bei den Experten um „Finanzfachleute" handelt, wie wir in einem späteren Kapitel noch sehen werden.

Fazit

Niemand ist davon ausgenommen, Unsinn zu reden. Doch nur weil jemand oft zitiert wird, einen wohlklingenden Titel besitzt, muss er nicht recht haben. Deshalb sollte man sich seine eigene Meinung erst dann bilden, wenn man ein Thema von verschiedenen Perspektiven aus betrachtet hat. Wer nachplappert sollte noch etwas an seinem IQ-Level arbeiten.

„In Zukunft hätte ich alles anders gemacht." 7

Der Vorstand der Mitleidsgruppe

So mancher jammert gern und laut
Auch oft dabei auf Gestern schaut
Er hat es nie zu was gebracht
Weil er nie richtig nachgedacht
Die Zukunft hat er sich verbaut

Die Themen des Kapitels
Mindestens zu bejammern bis . . .
Das starre Brett vor dem Kopf
Ich bin ich!

7.1 Jede Erkenntnis hat ein Verfallsdatum

Nostalgie ist offenbar die Lieblingsbeschäftigung vieler Menschen. Man könnte schon den Eindruck gewinnen, früher sei alles besser gewesen – wenn man sich die Klagen mancher Zeitgenossen anhört. Dass es früher etwas betulicher zuging, kein Zweifel. Dass es aber besser gewesen sein soll, das erklärt sich aus der Sichtweise der Menschen, deren Blick ausschließlich rückwärtsgewandt ist. Die klassischen Jammerer. Wer sich nur an die „guten alten Zeiten" erinnern will und alle positiven neuen Errungenschaften verdrängt oder gar nicht sieht, der schränkt sein Weltbild freiwillig ein.

Viele fühlen sich auch verunsichert von dem, was täglich auf sie einströmt. Als Abwehrmechanismus gegen die Überforderung baut man ein Szenario auf, in dem man noch mitreden kann: nämlich „früher". Wenn sich dann zwei oder mehrere

J. W. Goldfuß, *Selber denken kostet nichts,*
DOI 10.1007/978-3-658-00847-5_7, © Springer Fachmedien Wiesbaden 2013

Menschen mit derselben Einstellung treffen, ist das Nostalgiker-Meeting eröffnet.
Man schwelgt in Erinnerungen, verdrängt Negatives aus der Vergangenheit. Vielleicht ist die Erinnerung an Negatives auch ganz verloren gegangen, Alzheimer
lässt grüßen. Wer häufiger Kontakt mit solchen Menschen hat, der sollte ihn auf
ein Minimum begrenzen und Diskussionen über die Vergangenheit vermeiden.
Negatives Denken kann ansteckend sein. Und irgendetwas von der Argumentation
der Nostalgiker bleibt im Speicher hängen, verändert den Blickwinkel. Meist fehlt
diesen Menschen auch die Fähigkeit zum offenen, ungezwungen Lachen. Wenn der
Mensch lacht, denkt das Hirn, es geht ihm gut – und kommt vielleicht auf andere
Gedanken. Auf jeden Fall keine Jammergedanken. Doch wer jammert, der hat gar
keine Zeit, an etwas anderes zu denken.

Beliebte Sätze solcher Menschen beginnen mit „Da hätte man damals. . . " oder
selbstkritischer „Da hätte ich damals. . . ".„Hätte ich" ist Vergangenheit, „werde
ich" ist Zukunft. Das Bedauern über Dinge, die man hätte tun können, bremst das
Denken in Richtung Zukunft aus. Dabei wäre es doch so einfach, einmal darüber
nachzudenken, welche Informationen man tatsächlich an sich heranlassen will. Lese
ich mit Vorliebe eine Zeitung mit spektakulären Schlagzeilen über Unfälle, Pleiten,
Pech und Pannen oder ein seriöseres Blatt, in dem Informationsvermittlung und
Recherche im Vordergrund stehen?

Dasselbe gilt für die Auswahl aus den zahlreichen Fernsehkanälen, von denen
einige die Sensationsgier professionell befriedigen. Wer sich nostalgisch über das
Elend in der Welt und die zahlreichen Kriege seinen Kopf zermartert, der sollte
sich einmal kurz an früher erinnern. Da gab es in der Medienwelt ein bedeutend
geringeres Angebot, vieles wurde aus verschiedenen Gründen erst gar nicht pu-
bliziert und so mancher Kampf zwischen Volksstämmen wurde überhaupt nicht
bekannt. Heute hingegen ist die Anzahl der zum Kampfgeschehen abgeordneten
Journalisten nur unwesentlich geringer als die Anzahl der tatsächlich am Kampf
Beteiligten. Kein Wunder also, dass es früher besser und ruhiger war, denn es gab
weniger verwirrende Informationen.

Dieses Thema wurde mir so richtig bewusst, als ich im Zug einen Sitznachbarn
hatte, der beim Zeitunglesen vor sich hinmurmelte und mit dem Kopf schüttelte.
Als das Murmeln in hörbare Selbstgespräche überging, da konnte ich an seinen Ge-
dankengängen teilhaben. Sein aktuelles Aufregerthema war ein Bericht über eine
Familie, die dank Arbeitslosen- und Kindergeld mehr verdiente als ein vergleichba-
rer Arbeitnehmerhaushalt. Sollte ich ihn vielleicht über ein paar Fakten aufklären?
Mein Nachbar hatte aber ein derart fest vorgeformtes Weltbild, dass eine sachliche
Diskussion aussichtslos schien.

Er war einer derjenigen, die sich ihre Vorurteile ungern durch Urteile zerstören
lassen. Als ich ihn scherzhaft provozierte mit dem Satz „Die Regierung sollte alle

Berichte zum Thema Arbeitslosigkeit strikt verbieten", da stutzte er einen Moment. Als er die Unernsthaftigkeit des Satzes begriff, da lächelte er und meinte: „Ja, irgendwie bringen einen die ganzen Zahlen und Statistiken ganz durcheinander." Dann wiederum begann er, heute mit früher zu vergleichen, sozusagen Äpfel mit Birnen.

Und da haben Lebensmittel und Erkenntnisse bzw. Wissensstände eines gemeinsam: ein Verfallsdatum.

7.2   Der Unterschied zwischen Tellerrand und Horizont

Es ist schon erschreckend, wenn man das eingeschränkte Weltbild so mancher Zeitgenossen betrachtet. Dabei spielt es meist keine Rolle, über welche Ausbildung die Person verfügt. Es gibt den vermeintlich einfachen Bauarbeiter, der unerwartet mit philosophischen Betrachtungen daherkommt. Oder den Hochschulprofessor, der zwar fachlich hervorragend, aber außerhalb seines professionellen Wirkens ein recht einfacher, eingeschränkter Geist ist. Woher kommen die gravierenden Unterschiede in der Betrachtung? Nun, kommen wir auf die lieben Kleinen zurück. Während das eine Kind zufrieden vor sich hin spielt und in sein Werk vertieft ist, schaut ein anderes Kind nicht nur auf seine Bauklötze, sondern versucht gleichzeitig herauszufinden, was die anderen Kinder im Raum gerade tun. Es ist neugierig und möchte mehr erfahren über sein Umfeld.

Bei den Großgewachsenen finden wir dasselbe Verhaltensmuster. Während der eine mit seinem Wissen und seiner Erfahrung zufrieden ist und neue Erkenntnisse eher als verwirrend oder störend betrachtet, sucht der andere ständig nach neuen Ideen und Herausforderungen. Sein Horizont erweitert sich automatisch um neue Erkenntnisse und neue Denkansätze. Er lässt sich weniger von religiösen oder gesellschaftlichen Dogmen und Vorschriften beeinflussen, er riskiert auch schon mal eine kalkulierbare Grenzverletzung.

Er weiß auch, dass die Menschheit sich nur durch regelmäßiges Hinterfragen weiterentwickelt hat und dass nur der im Leben Karriere macht, der intelligent gegen die Regeln verstößt. Häufig werden solche Menschen gefragt: „Woher weißt du das eigentlich?" Sie wissen mehr, weil sie mehr gefragt haben und weil sie über Kontakte verfügen, die ihnen neue Informationen und Impulse liefern.

Sie wissen auch, dass das Leben jetzt passiert, und sie genießen die Herausforderung, sich selbst weiterzuentwickeln. Während andere permanent Zukunftspläne entwickeln, nehmen sie die Chancen war, die das Jetzt bietet. Wer dauernd Pläne macht und dabei Entscheidungen vor sich herschiebt, der hat häufig Angst vor der

Wirklichkeit, denn solange man keine Entscheidung trifft, solange kann auch nichts schiefgehen. Wer sich allerdings nicht entscheidet, über den entscheiden andere. Der Blick über den Tellerrand setzt einen anderen Blickwinkel voraus. Hilfreiche Werkzeuge sind hier die verschiedenen Kreativitätsmethoden, die dabei helfen, vorgefestigte Denkstrukturen zu verlassen und neue Ansätze zu finden. Und wer weiter sehen kann als andere, der sieht auch eher, was in Zukunft auf ihn zukommen könnte. Dadurch lassen sich Pläne flexibler an die Realität anpassen.

Den Abstand zwischen Brett und Kopf nennt man Horizont. Deshalb sollten Sie das Brett lieber ganz entfernen.

7.3   Gescheit, gescheiter, gescheitert

So manches Mitglied der „Mitleidsgruppe" kann einem schon leidtun, wenn man seine Geschichte hört. So erzählte ein „Gescheiterter" von seinem Leidensweg. Nach einer erfolgreichen Ausbildung mit recht guten Abschlussnoten und einer vielversprechenden beruflichen Karriere hatte er das Gefühl, mehr aus sich machen zu können. Er besuchte einige Veranstaltungen zum Thema Selbstständigkeit, hatte aber Zweifel, ob er alle Voraussetzungen für diesen Schritt erfüllt.

Sein Fachwissen war hervorragend und er bildete sich permanent weiter, um immer auf dem neuesten Stand zu sein. Was ihm gelegentlich Probleme bereitete war seine zurückhaltende Art gegenüber anderen Menschen. Er war zwar nicht scheu, aber irgendetwas hinderte ihn daran, problemlos auf andere zuzugehen.

Da flatterte ihm ein Prospekt ins Haus, in dem eine Veranstaltung angekündigt wurde, die seine Hemmnisse zu beseitigen versprach. Er meldete sich an und war überrascht, dort viele Teilnehmer zu finden, die mit demselben Problem zu kämpfen hatten. Es wurden dort einige Tricks vorgeführt, wie man sich selbst überlisten kann, problemlos auf andere zuzugehen und Kontakte zu knüpfen. Irgendwie hatte er das Gefühl, dass es auch ihm gelingen würde, seine Hemmschwelle zu überwinden, zumal er in den Rollenspielen ganz selbstsicher auftrat. Er nahm auch noch verschiedene CDs mit nach Hause, um das Thema zu vertiefen.

Nach kurzer Zeit fühlte er sich fit für den Sprung in die Selbstständigkeit. Anfangs sah alles noch ganz rosig aus, die Finanzierung klappte, die Prospekte waren gedruckt und die Homepage professionell gestaltet. Sein Problem begann, als er die ersten Verhandlungen mit etwas schwierigen Kunden führen musste und als einige Auftraggeber wegen geringfügiger Mängel seiner Leistung reklamierten und die Zahlung zurückhielten. Nun war mehr gefragt als nur Fachwissen. Jetzt ging es nicht nur um Kontaktaufbau, sondern um aktive Kontaktpflege in einer kritischen Situation. Da stellte er fest, was er eigentlich schon immer wusste, dass der Umgang mit anderen nicht seine große Stärke war. Die gespielte Situation im Seminar war eine Sache, eine andere die Verhandlungssituationen, bei denen es um existenzbedrohende finanzielle Aspekte ging.

Letzten Endes fühlte er sich hilflos in seiner Situation. Er beendete mit finanziellem Verlust seinen Ausflug in die Selbstständigkeit und kehrte zurück in ein Angestelltenverhältnis. Seine Schlussfolgerung aus der ganzen Geschichte: Er hätte seine Neigungen ernsthafter hinterfragen und sich nicht der Illusion hingeben sollen, dass ein Seminartag und ein paar CDs die grundlegende Struktur eines Menschen verändern können.

Fazit

Alle leben unter demselben Himmel, haben aber nicht denselben Horizont. Schauen Sie öfter mal über den Tellerrand. Betrachten Sie vor allem Ihre eigenen Neigungen und Fähigkeiten und lassen Sie sich nicht von unrealistischen Vorstellungen leiten. Blickwinkel sind dazu da, dass man sie ab und zu ändert. Wer seine Freiheitsgrade nicht nutzt, der hat sie auch nicht verdient.

Wer sauer ist, ist nicht mehr süß

Mit mir nicht – nicht mehr

8

So mancher wurde oft im Leben
Bei seinem Karrierestreben
Von tollen Sprüchen motiviert
Doch hinterher ist nichts passiert
Es waren halt nur Sprüche – eben

Die Themen des Kapitels
Demotivation richtig gemacht
Alteisen gehört nicht in den Hausmüll
Schlimmer geht's nimmer

8.1 Der Zauber der Heimatfilme

Liebhaber von Heimatfilmen schätzen an dieser Kunstform die überschaubaren, vorhersehbaren Handlungsströme und Geschichten. Eine heile Welt, meist mit Happy End. Da findet nach langer Suche ein Paar endlich zusammen, der Pfarrer verkündet Frieden und ein Mensch findet die Arbeitsstelle, die ihn bis zum Ende versorgt. Diese vermeintlich heile Welt wünschen sich heute viele zurück. Damals waren berufliche Lebensläufe noch planbar. Nach der Ausbildung kamen maximal zwei Stellenwechsel aus Karrieregründen und dann irgendwann die „wohlverdiente" Rente oder Pensionierung.

Ein echtes Heimatfilmszenario. Und in dieser geistigen Welt bewegt sich immer noch so mancher Nostalgiker. Wie aber sieht die Welt heute aus? Die Statistik gibt Auskunft. Zwischen Ausbildung und Berufsende (bald mit 70?) wechselt ein Berufstätiger viermal seine Position oder Stelle, in den USA sogar achtmal.

J. W. Goldfuß, *Selber denken kostet nichts*,
DOI 10.1007/978-3-658-00847-5_8, © Springer Fachmedien Wiesbaden 2013

Für manchen eine unvorstellbare Situation, vor allem, wenn seine Sozialisierung in einem Beamtenhaushalt erfolgte. Die Halbwertszeit der Verweildauer
an einem bestimmten Arbeitsplatz wird immer kürzer. Da fällt es so manchem
schwer, sich anhaltend zu motivieren. Vor allem dann, wenn in der Presse von
Abbaumeldungen renommierter Unternehmen im Handel, in der Finanzwelt, der
Kommunikationstechnik oder der Automobilbranche berichtet wird.

Um sich selbst zu motivieren, besuchen dann viele Verunsicherte Motivationsseminare, kaufen Audio- und Videomaterialien. Unternehmen wiederum lassen
häufig „Motivationsveranstaltungen" durchführen, damit die Stimmung der Mitarbeiter nicht ganz absinkt. Meist sind die Teilnehmer anschließend jedoch noch
mehr verunsichert.

Dann treten Mitglieder des Vorstands auf und versuchen, eine heile Welt darzustellen. „Wir werden die Herausforderungen der Zukunft annehmen", „Wir als
Weltkonzern haben bisher noch jede Krise überstanden", „Die aktuellen Zahlen lassen uns hoffnungsvoll in die Zukunft blicken" – und so weiter. Rhetorische Glanz-
oder Versatzstücke, je nach Vorbereitungszeit oder Geschick des Redners.

Die Reaktion der Mitarbeiter erinnert dabei häufig an einen Spruch aus der
alten DDR: „Die tun so, als würden sie uns bezahlen, und wir tun so, als würden
wir arbeiten." Übertragen auf die Motivationsversuche der Unternehmensleitungen
könnte der Satz heute lauten: „Die tun so, als hätten sie uns motiviert, und wir tun
so, als hätten wir uns motivieren lassen." Potemkinsche Dörfer, wohin man schaut.
Dass die Glaubwürdigkeit der Redner mit jedem Auftritt sinkt, ist den meisten
gar nicht bewusst. Dafür ist der Abstand zwischen der Welt „da oben" und dem
„Fußvolk" zu groß. Die Folge: Resignation bis hin zum blanken Sarkasmus.

Wie man Glaubwürdigkeit schnell und anhaltend verliert, das berichteten mir
die Mitarbeiter eines Unternehmens in Frankfurt. Aufgrund unbestätigter Gerüchte
über Fusionen versicherte die Geschäftsleitung regelmäßig, dass an diesen Gerüchten nichts dran sei. Eines Tages gegen 14 Uhr wurden die Mitarbeiter von Kollegen
des Konkurrenzunternehmens, die sie von gemeinsamen Seminaren her kannten,
informiert, dass bereits um 11 Uhr die Fusion der beiden Unternehmen durch
die Presse ging. Die Geschäftsleitung des fusionierten Unternehmens gab erst am
nächsten Tag offiziell bekannt, dass man aufgekauft worden sei. Das Vertrauen der
Mitarbeiter in ihre Chefs war für immer zerstört – zu Recht.

8.2   No country for old men

Bei solchen Geschichten und Gerüchten sind vor allem die älteren Mitarbeiter verunsichert und demotiviert. Und demotivierte Mitarbeiter werden auch durch Motivationssprüche nicht aufgebaut. Sie sehen eine Zukunft ohne Zukunft vor sich. Wenn sie außerdem lesen, dass über 50-Jährige auf dem Arbeitsmarkt kaum noch Chancen haben, dann beginnt der geistige und damit einhergehend der körperliche Abbau. Man konnte sich nie vorstellen, dass es ein Leben außerhalb des Unternehmens geben könne. Und je höher die Konzernmauern, desto unwahrscheinlicher erschien eine Trennung vom Arbeitgeber. Erlernte Hilflosigkeit greift Platz, Jammern erscheint als einzige Form der Gegenwartsbewältigung.

Eine Zeit von über 60 Jahren, in der es auf unserem Territorium keinen Krieg und keine Zerstörung mehr gab, macht träge im Denken. Wer immer glaubte, dass es ein Recht auf jährliche Gehaltserhöhungen gibt, dass das Senioritätsprinzip den Arbeitsplatz sichern würde, dessen heile Welt gerät nun ins Wanken.

Diejenigen, die sich nie Gedanken über ihre Zukunft gemacht haben, werden jetzt von der Situation überrollt. Das gilt nicht nur für Personen, sondern auch für Firmen. Wobei eine Firma sich keine Gedanken machen kann, sondern immer nur die eine Firma bildenden denkenden (?) Personen.

Wurde in der Personalplanung immer nur auf die frischen Jungen gesetzt (zur Freude des Budgets), dann sieht das Unternehmen irgendwann alt aus, nicht nur in der Statistik. Wer nicht dafür sorgt, dass auch die über 40-Jährigen noch regelmäßig zur Weiterbildung angehalten werden, der wird die Lösung seines Personalproblems fantasielos in der Frühverrentung sehen. Dabei ergänzen sich Jung und Alt ideal, wenn ein Human Ressource Department (früher hieß das Personalabteilung) sich nicht nur als Einwohnermeldeamt fürs Personal sieht, sondern proaktiv über den Tellerrand hinaussehen kann.

In Kriminalfilmen wurde das Thema „Alt und Jung" intelligenter gelöst. Dort arbeitet der erfahrene Kommissar im Team mit dem jungen Kripobeamten: Der eine kann schneller laufen und der andere analytischer denken. Als Team sind sie unschlagbar.

8.3   Morgen, Kinder, wird's was geben . . .

Wer nun von den Sprüchen der Oberen enttäuscht oder gar frustriert ist, der sollte sich nicht resignierend zurückziehen, sondern sich eigene Gedanken machen. Kostenloses Brainstorming. Lassen Sie sich nicht von den Aussagen anderer

beeinflussen. Bevor Sie in den innerbetrieblichen Vorruhestand eintreten, überlegen Sie, was Sie noch alles aus Ihrem Leben machen könnten. Schlechter kann es
wohl kaum werden. Nun soll es zwar besser werden, aber eigentlich soll sich auch
nichts ändern. Mit dieser Erkenntnis menschlicher Schizophrenie müssen Sie sich
jetzt ganz intensiv auseinandersetzen.

Denn Entscheidungen für irgendetwas sind gleichzeitig auch Entscheidungen
gegen etwas anderes. Mit diesem Punkt haben die meisten ein Problem. Die Angst
vor Veränderungen bremst die Entscheidungsfreude. Um aber etwas anderes zu
machen, muss man den Herdeninstinkt überwinden und für die Erfüllung der persönlichen Wünsche als eigenes Christkind agieren. Wer sich nicht weiter hinhalten
lassen will, der muss etwas unternehmen. Das bedeutet aber oft auch, Gewohntes
zu verlassen. Vielleicht den Wohnsitz, das vertraute Umfeld, Freunde und Bekannte. Das ist eine persönliche Entscheidung, die nach reiflichem Nachdenken gefällt
wird. Nur wer nachdenkt, erkennt Chancen, die andere noch nicht entdeckten.
Aber Chancen sind wie Sonnenaufgänge: Wer zu lange wartet, der verpasst sie.

Fazit

Leben Sie Ihren Traum – und verträumen Sie nicht Ihr Leben. Erstellen Sie einen
Plan B für den Fall der Fälle und überprüfen Sie regelmäßig seine Aktualität.
Sorgen Sie dafür, dass Ihre Employability, Ihr Marktwert auf dem Arbeitsmarkt,
nicht absinkt. Machen Sie sich nicht abhängig von Institutionen wie der staatli-
chen Arbeitslosenverwaltung. Besinnen Sie sich auf Ihre Stärken und Neigungen
und entscheiden Sie sich dann für etwas Neues, ohne zu zögern.

Warum ich Kleiderbügel hasse

9

Ich bin okay – was sonst?

Wenn's schiefgeht sind die Andern schuld
So geht so mancher Mensch durchs Leben
ihn packt sofort die Ungeduld,
dabei sollt er nach Einsicht streben

Die Themen des Kapitels
Schuld sind immer die anderen
Von Noträdern im Pannenfall
In Ketten gelegt

9.1 Kindergartensprüche sind okay – im Kindergarten

„Die anderen Kinder sind alle böse." Wie häufig haben Eltern schon diesen Satz aus dem Munde ihrer Sprösslinge gehört, wenn sie den Nachwuchs von der Betreuungsanstalt abholten. Verständlich, dass Kinder die Schuld eher bei anderen als bei sich selbst suchen. Ihnen fehlt noch die Fähigkeit, sich selbst zu betrachten, das eigene Handeln zu reflektieren.

Wie schön, dass wir Großgewachsenen Situationen analysieren und logisch beurteilen können. Oft, fast immer, bis auf die Kleiderbügel. Eigentlich ist es mir peinlich, aber darüber zu reden hilft bestimmt. Vielleicht geht es Ihnen gelegentlich auch so. Sie stehen in einem Hotelzimmer und packen Ihren Koffer aus. Im meist abgedunkelten Kleiderschrank hängen die hoteleigenen Kleiderbügel. Entweder sind es die zweiteiligen, vor Diebstahl geschützten Modelle, bei denen man lediglich den unteren Teil zwecks Verbindung mit dem Kleidungsstück abnehmen kann.

J. W. Goldfuß, *Selber denken kostet nichts*,
DOI 10.1007/978-3-658-00847-5_9, © Springer Fachmedien Wiesbaden 2013

Gesicherte Kleiderbügel. Was müssen Hotels für Erfahrungen gemacht haben mit ganzen Banden, die sich mit Kleiderbügeln davon gemacht haben. Aber auch bei den haushaltsüblichen Kleiderbügeln, egal ob aus Kunststoff oder Metall, ist es frustrierend. Sie stoßen einen Bügel an und die benachbarten Exemplare fallen zu Boden. Es sollte eigentlich auch mit einem mittleren Intelligenzgrad möglich sein, den Akt des Kleideraufhängens unfallfrei zu bewerkstelligen. Aber irgendwie scheint man in unnötiger Eile zu sein und stößt immer wieder nicht benötigte Bügel von der Stange. Wie oft habe ich schon die Designer solcher Apparaturen zu Testern ihrer eigenen Schöpfungen verwünscht. Die Vorstellung befreit kurzfristig von dem Frust, aber dann setzt die schmerzhafte Erkenntnis ein, dass man selbst Verursacher des Problems und der Frustphase ist. Eine mögliche Schlussfolgerung: Vielleicht sollte man doch mit etwas mehr Zartgefühl an die Geräte herangehen.

Bevor man anderen die Schuld in die Schuhe schiebt, ist es nämlich sinnvoller, den Blick in den Spiegel zu lenken und sich mit dem eigenen Verhalten kritisch auseinanderzusetzen. Es ist allerdings immer leichter, den Fehler bei anderen zu suchen. Wer langsam auf eine Ampel zufährt, der wird eher in den Genuss des Rotlichts kommen als derjenige, der sich zügig (unter Beachtung der Straßenverkehrsordnung) der Ampel nähert. Wer aber ist nun verantwortlich für das Rotlicht? Natürlich die Planer der Ampelphasen, am Fahrer nämlich kann es nicht liegen.

Wenn die für teures Geld eingekaufte Wunderdiät nicht den gewünschten Erfolg bringt, dann kann es nicht am Anwender liegen. Die zwei, drei Stückchen Schokolade zwischendrin können schließlich nicht schuld sein, dass der Zeiger der Waage keine abnehmende Tendenz aufweist. Es muss also an der Diät liegen. Allzu häufig suchen wir die Schuld bei anderen. Seien es die Kollegen, der Chef, die Nachbarn, die Politik, die Umwelt, gewisse Familienmitglieder – es sind immer die anderen.

Warum reflektieren wir nicht gelegentlich auch mal über den eigenen Beitrag zu einer Situation? Warum fragen wir uns nicht auch einmal selbst, wie wir anders hätten reagieren können? Wer das eigene Verhalten reflektiert, der hat einen großen Vorteil gegenüber denen, die einer solchen Prüfung ausweichen.

9.2 Das fünfte Rad – nie benutzt

Eigentlich braucht man sie heute kaum noch, die Reserveräder. Mittlerweile wurden sie deshalb so weit abgespeckt, dass sie ihren Namen verdient haben: Noträder. Im Falle eines Falles erlaubt es Ihnen, mit reduzierter Geschwindigkeit und geringerem Fahrkomfort bis zu der Stelle zu gelangen, die für eine ungestörte Weiterfahrt sorgen kann. Das fünfte Rad am Wagen wird häufig als Metapher für etwas Überflüssiges ge- oder missbraucht. So wie das Notrad oftmals unbemerkt und vergessen irgendwo im Fahrzeug herumliegt, so besitzt jeder Mensch, ebenso unbemerkt und vergessen, Fähigkeiten, die ihm im Pannenfall des Lebens weiterhelfen können. Da man sich dieser Fähigkeiten meist nicht bewusst ist, kommt man nicht umhin, sie wieder wie ein Archäologe auszugraben. Dabei helfen zum Beispiel folgende Fragen: Was hätte ich früher gerne gemacht, was habe ich früher gerne gemacht, was hat mir früher und auch heute am meisten Spaß gemacht, welchen Job wünsche ich mir, wo werde ich mich am wohlsten fühlen, was haben andere an mir am meisten bewundert, usw.

Der Blick zurück bringt häufig Dinge zutage, an die man sich zunächst gar nicht mehr erinnert. Dabei gab es schon so viele Momente im Leben, in denen man sich richtig wohl und glücklich fühlte. Diese vergrabenen Schätze wieder ans Tageslicht zu bringen, dabei helfen Kreativitätsmethoden wie beispielsweise Mindmapping. Hier werden grafisch Verbindungen aufgezeigt, die wiederum zu weiteren Verbindungen und Stichworten führen. So stellt man vielleicht fest, dass man in seiner Jugend gerne anderen Schülern half, die Schwierigkeiten bei ihren Hausaufgaben hatten. Vielleicht ist dieser Wunsch, anderen zu helfen, heute noch präsent, im täglichen Alltag aber verschüttet worden. Und vielleicht bietet diese Fähigkeit, falls noch vorhanden, einen ganz neuen Ansatz für die berufliche Weiterentwicklung, sei es als Angestellter oder Selbstständiger.

Bei der Suche nach neuen Ansätzen können auch Freunde und Bekannte unter Umständen weiterhelfen. Externe Berater stehen ebenfalls für solche Fragen gegen Honorar zur Verfügung. Aber wie der Titel des Buches bereits sagt: Selber denken kostet nichts. Man muss nur das Wagnis eingehen, sich mit sich und seinen Erfahrungen und Wünschen intensiver zu beschäftigen.

So stellte ein Bekannter nach einem solchen internen Brainstorming fest, dass er als Kind gerne die Regeln seiner Brettspiele veränderte. Mittlerweile hatte er Mathematik studiert und war in einem Versicherungskonzern beschäftigt. Als er diese Fähigkeit aus seiner Kindheit wiederentdeckte, sattelte er um. Er entwirft heute neue Spiele und wurde bereits mehrfach preisgekrönt. Man sollte also öfter mal im Kofferraum nach dem fünften Rad Ausschau halten.

9.3   Die Ketten aus Gold

Wir leben in einer der freiesten Gesellschaften seit unserer Zeitrechnung. Jeder kann reisen, wohin er will (das nötige Fahrgeld vorausgesetzt), arbeiten, wo er will (vorausgesetzt er wird dort gebraucht), glauben, was er will (vorausgesetzt er nervt andere nicht mit seiner Überzeugung), heiraten, wen er will (vorausgesetzt die Gegenseite stimmt zu).

Freiheitsgrade, von denen man früher nur träumen konnte. Und trotzdem fühlen sich viele eingeschränkt, eingeengt, bevormundet und übergangen.

Häufig sind an diesem Gefühl die Menschen selbst schuld. Sie setzen sich zu enge Grenzen oder lassen sich unnötigerweise von anderen eingrenzen.

Das mag für den einen oder anderen etwas provozierend klingen, aber bei genauer Betrachtung wird man feststellen, dass man viel zu wenig über die eigenen Vorstellungen nachgedacht hat. Häufig wird eine Situation beklagt, gleichzeitig werden jedoch die Vorteile des Status Quo übersehen. So jammerte der Einkaufsleiter eines Konzerns auf einem Seminar über die Vorschriften, an die er sich halten müsse, über das angespannte Betriebsklima, über die permanent steigenden Vorgaben.

Selbstbewusst erklärte er, dass er mit seiner Qualifikation und Erfahrung eigentlich überall gerne empfangen würde, falls er sich dort bewerben würde. Die skeptischen Blicke der Seminarteilnehmer verrieten ihre Einschätzung des Überfliegers. Ganz abgesehen davon, dass keiner der Teilnehmer, wie in der Pause zu hören war, einen solchen Kollegen gerne neben sich gesehen hätte, kam die Empfehlung, sich doch ganz einfach woanders zu bewerben, wenn seine Chancen so wahnsinnig toll wären. Da kam die entwaffnende Antwort: „So viel wie in dieser Firma würde ich woanders nie verdienen können." Tiefsinniges Schmunzeln im Raum. Ketten aus Gold sind nun mal stärker als die aus Eisen.

Wie häufig erlebt man Menschen, die sich über ihre Situation beschweren, aber nicht den Mut zum Absprung aufbringen. So wie ein Fallschirmspringer sich irgendwann vom Flugzeug lösen muss und so wie ein Skispringer sich irgendwann zum Sprung entscheiden muss, so stehen alle irgendwann und irgendwie vor der Entscheidung zum Absprung. Wer sich allerdings vor dem Sprung fürchtet, der sollte sich in seinen Ketten wohlfühlen.

Fazit

Erfolgreiche steigen nicht auf, weil sie oben hin, sondern weil sie unten weg wollen. Der Wille muss aber stark genug sein, um sich gegenüber den Widerständen und gut gemeinten, aber unnötigen Ratschlägen durchzusetzen.

Warum Menschen Pläne machen 10

Planlos geht oft besser

> Es macht der Mensch sich einen Plan
> fängt zu Beginn ganz vorne an
> stellt überrascht dann plötzlich fest
> der Plan sich nicht vollenden lässt
> da fängt er halt was Neues an.

Die Themen des Kapitels
Zukunft, Wohlstand, Status – die Auslöser für Pläne
Wenn der Zufall einem zufällt
Erstens kommt es anders

10.1   Weg mit den Scheuklappen

Du sollst es einmal besser haben, diesen Wunsch geben viele Eltern ihren Kindern mit auf den Lebensweg. Gut gemeint, bedeutet aber auch gleichzeitig, dass die Eltern mit ihrem Leben nicht zufrieden sind. Die Projektion eines besseren Lebens ist nun im Kopf des Kindes verankert. Ausbildungs- und Karriereplanung bestimmen den weiteren Lebensweg. Es folgen die typischen Schritte: Karriere, Familie, regelmäßige Urlaube, Hausbau, kurz alles, was zum sogenannten normalen Leben gehört. Fixiert auf ein festes Ziel wird vor sich hin gelebt und gearbeitet. Was aber gestern noch sicher war, kann morgen schon ungewiss sein. Firmenfusionen oder Insolvenzen werfen geplante Karriereschritte schnell über den Haufen.

Wer dann in einem festen Denkmuster lebt, sozusagen mit Scheuklappen nach vorne blickt, der ist recht schnell frustriert und hilflos. Manchen werfen solche

J. W. Goldfuß, *Selber denken kostet nichts*,
DOI 10.1007/978-3-658-00847-5_10, © Springer Fachmedien Wiesbaden 2013

Knicke in der Planung voll aus der Spur. Magengeschwüre und andere gesundheit-
liche Defekte sind häufig die Folge. So schlug einem Beamten eines Ministeriums
in Süddeutschland die verweigerte, aber fest eingeplante Beförderung derart auf die
Stimme, dass er sie verlor. Er wurde im wahrsten Sinne des Wortes sprachlos, auch
Mediziner konnten ihn nicht von seinem Problem befreien.

Wer sich zu sehr auf ein Ziel fixiert, der verliert den Blick für andere Chancen im
Leben. Der Weg ist das Ziel. Mit diesem Satz kann mancher nichts anfangen, denn
er interpretiert die Worte als planloses Herumirren. Wobei das Wort planlos nicht
unbedingt negativ betrachtet werden muss. Gelegentlich ist es nämlich von Vorteil,
einen Plan loszulassen, nämlich dann, wenn das ursprünglich avisierte Ziel beim
besten Willen nicht erreichbar ist. Auf dem Weg hin zum Ziel allerdings entdeckt
der Scheuklappenlose viele neue Aspekte, die ihm vorher gar nicht bewusst waren.

Wer anstelle eines Ziels eine Vision vor Augen hat, der wird sich bedeutend
leichter tun bei auftretenden Veränderungen. Und dort, wo sich eine Tür schließt,
tut sich eine neue auf. Man muss nur Ausschau nach der Türklinke halten. Um
sich erst gar nicht groß die Weitsicht einengen zu lassen, empfiehlt sich bei jeder
Planung, denkbare Alternativen miteinzubeziehen. Wer sich mit einem Mindmap
die verschiedenen Möglichkeiten und Chancen vor Augen führt, der wird immer
schneller als andere neue Wege entdecken.

Der Präsident eines US-Finanzinstituts wurde von Studenten anlässlich einer
Lesung gefragt, wie er seine Karriere geplant habe, um seinen Job zu erreichen.
Seine Antwort: Es gab keinen Masterplan. In seiner Karriere ging es Schritt für
Schritt vorwärts. Er entdeckte im Laufe seiner beruflichen Tätigkeit häppchenweise,
was er alles kann und was er sich noch zutrauen könnte. Er vermied es, sich
zu viel Spezialwissen anzueignen, das immer schneller veraltet. Außerdem baute
er sukzessive sein persönliches Netzwerk aus, denn Unternehmen stellen keine
Menschen ein: Menschen stellen Menschen ein. Und je mehr Personen Sie kennen,
desto eher wird an Sie gedacht, wenn eine Stelle frei wird, oft noch bevor diese
ausgeschrieben wird.

10.2   Mit dem Zufall rechnen

Je genauer man plant, umso härter trifft einen der Zufall. Eine alte Weisheit. Lässt
sich aber der Zufall planen? Nun, Zufall ist alles, was einem im Leben so zufällt. Für
jemanden, der alles zu mindestens 100 % vorher plant, ist das ein unvorstellbarer
Gedanke.

Dabei ist vieles, was uns als Zufall erscheint, nach dem Gesetz der Wahrscheinlichkeit zu erwarten gewesen. Dass es Erdbeben gibt in einer tektonisch aktiven Zone, ist nicht ganz überraschend. Wo ein Erdbeben genau auftritt, erscheint eher zufällig. Dass an einem Fluss nach einer Schneeschmelze mit Hochwasser zu rechnen ist, das ist sehr wahrscheinlich. An welchen Orten es dann tatsächlich geschieht, das wirkt wiederum zufällig auf uns. Das heißt, wenn etwas wahrscheinlich ist, dann ist die Wahrscheinlichkeit, dass es zufällig auftritt, recht hoch.

Und wer sich mit der Wahrscheinlichkeit eines Ereignisses im Voraus vertraut gemacht hat, den wird es kaum überraschen, wenn das Ereignis dann tatsächlich zufällig eintritt. Wer allerdings an den Lippen so mancher Erfolgsgurus hängt, der wird im Leben häufig enttäuscht werden. So glaubhaft die Sätze „Du musst hart an deinen Zielen dran bleiben" oder „Ziele müssen erkämpft werden" im ersten Moment klingen, so unsinnig werden die Thesen, wenn man Zielen nachjagt, die unerreichbar sind. Das Resultat ist Frust und das Gefühl, versagt zu haben. Der Wunsch, alles besser machen zu wollen, resultiert häufig in Unzufriedenheit.

10.3 Hätt' ich nicht gedacht

Wer beim Thema Zufall nicht die Augen verschließt, der wird häufig auf neue Ansätze kommen und anschließend verwundert feststellen: Das hätte ich nicht gedacht, dass ich das auch kann. Hätte mir jemand vor Jahren prophezeit, dass ich eines Tages Bücher schreiben werde, so hätte ich ihn ungläubig angelächelt. Hie und da mal einen kurzen Text zu schreiben: kein Problem. Aber ein ganzes Buch, niemals. Man soll nie nie sagen.

Als ich für einen großen amerikanischen Veranstalter eine Seminarreihe zum Thema Führung in Deutschland, Österreich und der Schweiz abhielt, da hörte ich von den Teilnehmern abends an der Hotelbar öfter: Was Sie uns heute sagten, das stimmt alles. Das sollte mein Chef auch einmal hören. Aber der geht ja nicht auf ein Seminar, der glaubt, er weiß schon alles. Ein zufälliger Satz, zufällig gehört. Da ich in meiner früheren Laufbahn unter anderem meine Brötchen als Marketingleiter verdiente, schlussfolgerte ich: Wenn die Leute nicht zu Dir kommen, dann musst Du eben zu den Leuten kommen. Und so entstand die Idee, ein Buch zum Seminar zu schreiben.

Da die Seminarreihe unter einem marketingtechnisch nicht gerade reißenden Namen stand, suchte ich nach einem zugkräftigen Titel. Selber denken macht zwar Spaß, aber mein Spaßfaktor war nicht groß genug für das Formulieren einer schlagkräftigen Zeile für die Titelseite. Nun hatte ich auf den Seminaren ja zufällig Menschen sitzen, denen das Denken offenbar auch Spaß machte. Also veranstaltete ich auf den Seminaren jeweils am Schluss einen kleinen Wettbewerb: Welchen knackigen Namen könnte dieses Seminar sonst noch haben? Die Vorschläge wurden auf kleinen Zettel gesammelt, in einen Lostopf geworfen und einer der Teilnehmer zog dann drei Vorschläge heraus. Diese drei Teilnehmer erhielten zur Belohnung ein kleines Werbegeschenk. Und meine Belohnung bestand in einer kreativen Sammlung von verschiedenen Textentwürfen, aus denen dann der Titel meines ersten Buches ausgewählt wurde: Endlich Chef – was nun?

Nun hatte ich zwar den Titel, aber noch kein Buch. Bei einem Verlag, für den ich kleinere Artikel nebenbei geschrieben hatte, erkundigte ich mich nach den Voraussetzungen, mit denen man einen Buchverlag von seiner Idee überzeugen könne. Man nannte mir zehn Punkte, an die ich mich sklavisch hielt. Dann suchte ich im Internet zwölf potenzielle Verlage aus. Ich schrieb diese an, allerdings nicht unterwürfig mit der Bitte, sich des Themas anzunehmen, sondern mit dem Hinweis, dass ich dieses Buch veröffentlichen werde und nun einen geeigneten Verlag mit entsprechender Marketingabteilung suche. Ein Verlag antwortete sofort mit einer positiven Rückmeldung. Der Auslöser für die Entscheidung: der zugkräftige Titel, der zufällig entstanden war. Nach diesem ersten Werk wurde ich von verschiedenen Verlagen gebeten, weitere Bücher zu schreiben. Dieses Buch hier ist mein zehntes Werk. Das hätte ich nun wirklich nicht gedacht, was sich alles so zufällig entwickeln kann.

Ein weiteres persönliches Beispiel für „Das hätte ich nicht gedacht" begann mit dem Fehlkauf eines Produkts. Auf der Rückfahrt von einem Urlaub im Süden kamen wir an einem Laden vorbei, der im Schaufenster eine kleine Geige ausgestellt hatte. Irgendwie sprach mich das Instrument an und ich kaufte es. Es war nicht sehr teuer, aber, wie ich zu Hause feststellte, es war nur eine gutgemachte Dekoration – allerdings man konnte nicht darauf spielen. In der Familie fiel der Begriff Fehlinvestition, und das Gerät verschwand in der Schublade.

Einige Zeit später hörte ich zufällig im Rundfunk einen Kabarettisten, der seine Worte mit Geigentönen untermalte. Da fiel mir die Fehlinvestition wieder ein und ich dachte, spielen kann ich zwar nicht, dafür aber funktioniert das Reden ganz gut, und eine Geige besitze ich auch. Durch diesen Zufall entstand meine erste Kabarettnummer, bei der ich die Geige lediglich als Aufhänger für meine Wortbeiträge benutzte. Bei der ersten Vorführung der Nummer anlässlich einer privaten Feier vor vierzig Teilnehmern wurde ich anschließend gefragt, seit wann ich mit der Nummer auf Tour sei. Auf meine Antwort, heute sei das erste Mal, hörte ich von den Teilnehmern: „Das war Bonner Kabarett vom Feinsten." Dass ich das könnte, hätte ich vor Jahren nun wirklich nicht gedacht. So ein Zufall.

Fazit

Zufälle soll man nutzen, wenn sie einem zufallen. Vorher sollte man aber die Scheuklappen abnehmen. Der Eine sagt „Das kann ich nicht", der Andere „Das kann ich noch nicht". Wer von beiden erlebt wohl häufiger beglückende Erfolgsgefühle?

Olympia für Könner

11

Aufs Siegertreppchen passt immer nur einer

So mancher plant sein ganzes Leben
Platz 1 zu werden, so sein Streben
Er möchte immer Sieger sein
Platz 2 fällt ihm erst gar nicht ein
Privates Leben? Voll daneben

Die Themen des Kapitels
Lehrreiches und Leerreiches
Die eigenen Grenzen erkennen
Grenzen realistisch verschieben

11.1 Zu viel Leere durch zu viel Lehre

Höher, schneller, weiter. Getreu dem olympischen Motto werden in Unternehmen immer wieder neue Wettbewerbe gestartet, um das Wachstum voranzutreiben. Oft werden die Mitarbeiter auf Motivationsveranstaltungen geschickt, um sie für das harte Leben an der Verkaufsfront richtig heiß zu machen. So erfahren sie von einem Vertriebsguru Weisheiten wie „Tatsache ist, dass es wichtig ist, den Umsatz zu steigern". Wer hätte das gedacht? Unterstellt man den Teilnehmern etwa, sie hätten nicht gewusst, was das Unternehmen von ihnen erwartet? Den Umsatz zu steigern, an diesen Kernsatz haben sich schon viele gehalten, und existieren heute nicht mehr. Denn Unternehmen leben nicht vom Umsatz, sondern von dem, was übrig bleibt, zum Beispiel dem Deckungsbeitrag. Jeder BWL-Student ist da besser über betriebswirtschaftliche Zusammenhänge informiert als der sogenannte Experte auf

J. W. Goldfuß, *Selber denken kostet nichts*,
DOI 10.1007/978-3-658-00847-5_11, © Springer Fachmedien Wiesbaden 2013

der Bühne. Militärs kennen den Satz: Man kann sich auch zu Tode siegen. Tolle
Umsätze ohne Gewinn, das hat noch kein Unternehmen überlebt. Aber vielleicht
heißt bei der nächsten Veranstaltung der Kernsatz „Tatsache ist, dass es wichtig ist,
den Gewinn zu steigern". Auch Experten lernen schließlich täglich dazu.

Zu den verschiedenen Lehren, die sich oft durch inhaltliche Leere auszeich-
nen, gibt es dann immer wieder schlagkräftige, spektakuläre Überschriften, die so
manchen zum Kauf einer CD oder eines Buchs animieren. „Nie wieder abgewie-
sen werden – so dringen Sie direkt zum Entscheider vor" oder „So überzeugen Sie
jeden – neue Strategien durch Verkaufshypnose" versprechen die Überwindung
aller Hindernisse. Wer sich durch „Die 7 Wege zur Effektivität" durchgearbeitet
hat, dem fiel bestimmt nicht auf, dass da noch ein Weg fehlte. Der Autor aber hat es
bemerkt und schob dann den 8. Weg nach, mit dem Versprechen „Mit Effektivität
zu wahrer Größe".

Wenn Sie sich langsam an den Erfolg heran arbeiten möchten, kaufen Sie sich
Lehrmaterialien wie „Noch erfolgreicher!". Der nächste Schritt ist dann „Noch
erfolgreicher 2!", gefolgt von „Noch erfolgreicher 3!" Und, wer hätte das gedacht,
es folgt die ultimative Steigerung in „Noch erfolgreicher 4!". Sollten Sie nach dem
Studium der Materialien feststellen, dass Ihr Erfolg immer noch ausbleibt, werden
Sie den letzten Kick dann endgültig in „Noch erfolgreicher in der Praxis" erhalten.
War etwa vorher alles nur Theorie oder eine süchtig machende Marketingstrategie?

Wer trotz solch intellektuellen Rüstzeugs dann immer noch nicht die vor-
geschriebenen Ziele erreicht, dem ist wirklich nicht mehr zu helfen. Der wird
feststellen müssen, dass er nicht zu den Olympiasiegern gehört. Den einsetzenden
Frust kann er allerdings mit weiteren Produkten der Branche bekämpfen, wie zum
Beispiel „Mit Stress zur Spitzenleistung", „Sage ja zum Erfolg" oder der nie dage-
wesenen Feststellung „Alles ist möglich". Nachdem er genügend in seine mentale
Weiterbildung investiert hat, wird ihm hoffentlich endlich das gelingen, was diese
CD verspricht: „Reduzieren Sie Ihr Leben auf das Maximum." Und das ist doch
wirklich ein geldwerter Tipp, oder? Mehr kann man nun wirklich nicht von den
Lebensratgebern erwarten.

11.2 Ich kenne meine Grenzen – sagte der Zöllner

Nun ist nichts dagegen einzuwenden, wenn sich jemand weiterentwickelt. Eigentlich ein ganz normaler evolutionärer Prozess. Ein Reifeprozess, der ebenso wie die
Pubertät einen gewissen Zeitraum benötigt, der sich kaum abkürzen lässt. Denn

man stellt immer wieder fest, dass bei Menschen, die sich zu schnell entwickelten, gewisse Entwicklungsstufen übersprungen werden und Defizite festzustellen sind.

Sicher, es gibt immer wieder das Wunderkind, das mit vier Jahren bereits Beethoven auf dem Klavier intonieren konnte und mit zwölf in den Kreis der Hochbegabten aufgenommen wurde. Schön für das Kind (vielleicht auch nicht), aber wie hoch ist der Anteil der Supermänner oder Supergirls an der Bevölkerung?

Seine Grenzen schrittweise und geplant zu erweitern, dabei die für die Weiterentwicklung unabdingbaren Fehler zu machen und daraus zu lernen, das zeichnet eine stabile Persönlichkeit aus. Wer seine Ziele zu hoch setzt, der läuft immer Gefahr, von sich selbst enttäuscht zu werden. Wer aber sukzessive seinen beruflichen und privaten Spielraum erweitert, der wird sich bei jedem Erfolgsschritt belohnen können und mit Zufriedenheit das nächste (erreichbare) Ziel anstreben.

Ein logisch denkender Mensch kann selbst überlegen, was er möchte, könnte, was er erreichen will und den erforderlichen Aufwand und eventuelle Kosten abschätzen. Hilfreich bei diesen Überlegungen ist immer wieder die Vorstellung, man hätte das angestrebte Ziel bereits erreicht. Entspricht das Resultat der Bemühungen tatsächlich dem, was man sich vorgestellt hatte? Oder ist man nicht doch eher unzufrieden, wenn man sich in der gewünschten Position oder Situation befindet?

Wie häufig werden Menschen durch verlockende Werbesprüche zum Kauf eines Produkts animiert, von dem man glaubt, es unbedingt besitzen zu müssen? Und wie häufig stellt man hinterher fest, dass man auch ohne die Ausgabe recht glücklich weiterleben kann?

Bei diesem Thema fällt mir immer wieder meine Modelleisenbahn ein, besser gesagt, die Vision von meiner Modelleisenbahn. Meine alte H0-Eisenbahn aus der Kindheit hatte ich schon vor ewigen Zeiten verkauft, denn was soll ein Großgewachsener mit einer Spielzeugeisenbahn noch anfangen? Dann entdeckte ich Jahre später eine Minieisenbahn, die samt Gelände, Tunnel und Weichen in einen Aktenkoffer passte. Wunderschön, es erwachten Kindheitserinnerungen.

Irgendwie wuchs der Wunsch in mir, so ein schönes, technisch perfektes Gerät zu besitzen. Ich beschaffte mir Prospekte, Preislisten, Gleispläne und bereitete mich mental immer mehr darauf vor, bald glücklicher Eisenbahnbesitzer zu sein. Meine Frau verfolgte meine Kauffantasien mit extremer Zurückhaltung, gleichzeitig auch mit weiblicher Diplomatie.

Als ich eines Abends am Wohnzimmertisch meine Prospekte zum Final Countdown sortierte, da schaute sie mich mit einer Mischung aus Mitleid und Sarkasmus an und sprach: „Ich stelle mir gerade vor, wie Du hier abends auf dem Tisch Deine Bahn fahren lässt, immer schön im Kreis herum, und dabei glücklich bist." In diesem Moment stellte ich mir die Situation ebenfalls vor, wie ich abends fasziniert einer im Koffer herumfahrenden Bahn zusehe, Weichen stelle – und musste über mich selbst lachen. Die intensive Vorstellung, meinen Wunsch erfüllt zu sehen, brachte mich zur Frage: „Willst du das wirklich?" Das Projekt Eisenbahn starb im selben Moment.

Wenn man sich selbst als zu befangen betrachtet, eine solche Frage nach den eigenen Vorstellungen und Wünschen realistisch zu beantworten, so sollte man sich einen Sparringspartner suchen, der einem bei der Meinungsbildung hilfreich zur Seite steht, bevor man sich zu sehr auf seine „Eisenbahn" fixiert.

11.3   Immer zweiter Sieger ist auch ein Erfolg

Nun produzieren Wettbewerbe immer mehr Verlierer als Sieger. Es kann nur einer als Erster die Ziellinie erreichen, und auf dem Siegertreppchen gibt es nur einen ersten Platz. Die beiden anderen Plätze sorgen dafür, dass Platz 1 besonders hervorgehoben wird. Wobei die Frage ist, wer auf den drei Plätzen der Zufriedenere ist? Platz 2 hätte sich bestimmt über Platz 1 gefreut, ist vielleicht sogar enttäuscht, dass er es nicht geschafft hat. Platz 3 aber ist wohl eher glücklich, es überhaupt auf das Treppchen geschafft zu haben, nicht in der Menge der „zweiten Sieger" untergegangen zu sein. Ein solcher Gedankengang ist natürlich für jemanden, der immer auf Platz 1 fixiert ist, schwer nachzuvollziehen. Aber ist es nicht bereits ein Erfolg, es nach ziemlich weit vorne geschafft zu haben?

Es mag durchaus Topverkäufer eines Versicherungskonzerns geben, die im Nachhinein vielleicht ganz froh gewesen wären, wenn sie nicht zu den Ersten gehört hätten, bei den motivierenden Rotlichtaktivitäten ausgeschlossen gewesen wären und somit keine bohrenden Fragen ihrer Lebensabschnittspartnerinnen hätten beantworten müssen.

Auf der Jagd nach Platz 1 geht so manches Stück Lebensqualität verloren, bleibt so mancher menschliche Kontakt auf der Strecke. Viele haben sich später die Frage gestellt: „War es den ganzen Aufwand eigentlich wert?" Später, nach einer Scheidung oder auf dem Sterbebett.

Fazit

Wer bekommt, was er mag, ist erfolgreich. Wer mag, was er bekommt, ist glücklich. Aber wer glaubt, etwas zu sein, hat aufgehört, etwas zu werden.

„Ich hab dann bei mir aufgehört."

12

Pleiten, Pech und Pannen – mein Drehbuch

Was andre können kann ich auch
So hörte er auf seinen Bauch
Fing an, was Neues zu begründen
Doch tat sich dann kein Kunde finden
Seine Idee – nur Schall und Rauch

Die Themen des Kapitels
Die Welt ist ungerecht – aber nicht immer zum eigenen Nachteil
Versuchs noch mal
Was wäre, wenn – mal ganz realistisch

12.1 Von einem, der seine Welt verändern wollte

Menschen haben Ideen. Soweit die gute Nachricht. Die schlechte Nachricht aber: In der Praxis lassen sich nicht alle Ideen realisieren. Wieweit der Einzelne dann mit Pleiten, Pech und Pannen umgeht, das bestimmt jeder selbst. Wieweit sich der Einzelne von Misserfolgen beeinträchtigen lässt, das hat jeder selbst in der Hand. So berichtete ein Programmierer von seinem misslungenen Versuch, in der Selbstständigkeit Geld zu verdienen. Er hatte eigentlich eine gut bezahlte Arbeitsstelle, in der er sich weitgehend selbstständig bewegen konnte.

Dann kam er zufällig an eine CD, auf der Menschen begeistert berichteten, wie sie den Schritt in die Selbständigkeit unternahmen, heute glücklich sind und nebenbei noch viel Geld verdienen. Unser Programmierer war von den Erfolgsmeldungen

J. W. Goldfuß, *Selber denken kostet nichts*,
DOI 10.1007/978-3-658-00847-5_12, © Springer Fachmedien Wiesbaden 2013

überzeugt und beschloss, seine eigene Firma zu gründen. Als Einmannunterneh-
men bot er die Gestaltung von Web-Seiten an. Sein Büro richtete er in seiner
Wohnung ein, die Investitionskosten für Hardware und Software konnte er locker
bar bezahlen.

Im Bekanntenkreis ergaben sich die ersten Aufträge für private Homepages.
Durch Mundpropaganda kamen auch kleinere Firmen als Auftraggeber hinzu. Der
Erfolg bestätigte ihn in seiner Entscheidung. Als Fachmann für Bits und Bytes war
er hervorragend qualifiziert. Was ihm jedoch fehlte, das war das nötige Know-how
im Bereich Marketing und Kundenakquisition.

Er war in seiner Verkaufsargumentation lediglich auf seine handwerklichen Fähigkeiten eingegangen. Er konnte aber einen potenziellen Auftraggeber nie vom
Nutzen seiner Leistung überzeugen. Er hätte sich vielleicht vorher noch eine Ab-
handlung über die Welt des Marketings beschaffen sollen. Da hätte er erfahren,
dass zum Beispiel die Kosmetikindustrie etwas anderes verkauft, als sie herstellt:
Sie produziert Chemie und verkauft Hoffnung.

Als die Aufträge ausblieben, machte er sich ernsthafte Gedanken über seine Zukunft. Je häufiger seine Frau dann über die finanzielle Situation mit ihm diskutierte,
desto mehr brach sein Optimismus auseinander. Als er schließlich den Spruch las
„Jeder Idiot kann ein Bild malen, aber nur ein Künstler kann es verkaufen", da fiel
ihm sein Dilemma so richtig auf.

Er beschloss, das Unternehmertum zu beenden und beschrieb diesen Schritt
mit dem Satz „Da habe ich bei mir aufgehört". Nun begann er, Bewerbungen zu
schreiben in der Hoffnung, dass jemand seine fachlichen Fähigkeiten benötigt.
Doch da erlebte er die zweite Niederlage. Personalchefs stellen ungern jemanden
ein, der mit seiner Selbstständigkeit eine Bauchlandung machte. Man befürchtet
nämlich, dass sich solche Menschen weniger gut unterordnen können. Pflegeleichte
Mitarbeiter sehen in der Regel anders aus.

Unser gescheiterter Unternehmer analysierte seine Situation recht genau und
beschloss, eine neue Richtung einzuschlagen. Nachdem er seine Fähigkeiten und
Einschränkungen richtig eingeordnet hatte, nahm er an einer Weiterbildung für
eine neue, sehr spezifische Software teil, in der Hoffnung, dass er mit diesem speziel-
len Wissensstand zum gesuchten Objekt auf dem Arbeitsmarkt werde. Und genauso
kam es, noch während seiner Weiterbildung konnte er einen neuen Arbeitsvertrag
abschließen.

Er war einer jener Typen, die sich nicht in tiefe Resignation zurückziehen und
die Schuld für ihre Situation bei anderen suchen. So mancher hätte nach einem
beruflichen Flop die Ungerechtigkeit in der Welt für sein Schicksal verantwortlich
gemacht. Es stimmt schon, dass die Welt ungerecht ist, aber nicht immer zum
eigenen Nachteil. Wer diesen Satz richtig interpretiert, der entdeckt immer wieder

neue Chancen auch in weniger angenehmen Situationen. Irrtümer und Fehlein-
schätzungen gehören zum Leben. Wer sich mit dieser Einstellung schwer tut, der
arbeitet unfreiwillig an seinem Magengeschwür. Wer zu den Anhängern des Null-
Fehler-Dogmas gehört, der hat meist häufigeren Kontakt mit seinem Arzt oder
Apotheker.

12.2   I did it my way

Frank Sinatras bekannter Song als Lebensmotto? Warum nicht, keine schlechte
Idee. Denn wer sich immer an anderen orientiert, sich abhängig macht von den
Meinungen und Stimmungen anderer, der wird am Ende seines Lebens bedauernd
feststellen: „Hätte ich es doch anders gemacht." Zu spät. Aber warum gibt es so
viele „Anpassertypen", die sich von anderen (ver −)führen lassen? Weil sie Angst
haben vor Entscheidungen, Angst vor einer eigenen Meinung. Es sind die negativen Fantasien, die sich im Kopf abspielen, von keinerlei Fakten untermauert. „Das
geht bestimmt wieder schief", sagte ein Kleinunternehmer, der gerade mit seiner
Firma Pleite ging, als er den Rat bekam, doch noch einmal neu anzufangen. Die
Angst vorm Scheitern wird in Deutschland durch eine landestypische Einstellung
verstärkt. Ein gescheiterter Unternehmer wird zum Verlierer abgestempelt: Er hat
es einmal nicht geschafft, er wird es auch nie wieder schaffen. Bei Banken, Geschäftspartnern, in der Bevölkerung wird er als Loser gesehen. Ganz anders in den
USA, die man hier ausnahmsweise als Vorbild zitieren kann. Dort sieht man den
Gescheiterten als einen Menschen, der Erfahrung gesammelt hat, wie man es nicht
macht. Er erhält einen Vertrauensvorschuss, denn er wird denselben Fehler wohl
kein zweites Mal begehen. Wenn sich dann der Erfolg einstellt, kann er zufrieden
sagen „I did it my way".

12.3   Was man hat, verliert man leicht

Nun ist so mancher stolz auf das im Leben Erreichte. So wie es die Werbung
suggeriert: mein Haus, mein Auto, mein Boot. Ein schönes Gefühl. Aber auch
gleichzeitig eine gefährliche Pseudosicherheit. Denn alles, was geht, kann auch
einmal kaputtgehen. Alles, was da ist, kann auch einmal weg sein. Wir wollen
hier nicht in Schwarzmalerei verfallen, Urängste schüren. Aber trotzdem sollte sich
jeder einmal Gedanken machen über ein „Was wäre wenn?"-Szenario.

Was würde man tun im Fall einer ernsthaften Krankheit bei sich selbst oder im Familienkreis? Was würde man tun bei einem materiellen Schaden durch Feuer, Einbruch, Diebstahl? Was würde man tun, falls der Arbeitsplatz verloren geht? Oder wenn es neue gesetzliche Regelungen gibt, die aufgrund ungewöhnlicher Regierungskoalitionen plötzlich und unerwartet im Raum stehen?

Wer sich über Alternativen für den Notfall Gedanken macht, der benötigt in Krisenzeiten nicht die Hilfe dubioser „Heilsbringer", die nichts anderes anbieten, als den Blickwinkel auf Unangenehmes zu verändern, natürlich gegen Bezahlung. Diese Ausgaben kann man sich getrost sparen. Interessant ist, dass die meisten Beziehungsratgeber von Menschen mit Beziehungsproblemen geschrieben wurden. Es werden dort keine Problemlösungen angeboten, sondern es wird lediglich die subjektive Verarbeitung einer persönlichen Leidensgeschichte vermarktet. Dabei ließen sich gerade Beziehungsprobleme mit ein bisschen logischem Denken, gepaart mit etwas mehr Empathie, im Vorfeld analysieren und vermeiden. Den Blickwinkel ändern, andere Meinungen einholen, Gespräche mit hilfreichen Kontakten führen – und das alles zum Nulltarif.

Fazit

Misserfolg ist die Chance, es beim nächsten Mal besser zu machen. Unsere Grundbedürfnisse sind heute befriedigt. Wir haben nun Zeit genug, über neue Bedürfnisse nachzudenken. Und zwischen Hartz IV und Millionär gibt es eine Menge Stufen, auf denen man sich auch sehr wohlfühlen kann.

Auch die Zeit der Gummibärchen geht irgendwann vorbei

13

Aber meine Mutter sagte immer . . .

Wer lang bei seinen Eltern bleibt
Sich niemals in der Welt rumtreibt
Nie sieht, wie es woanders geht
Deshalb die Welt auch nie versteht
Der bleibt auch häufig unbeweibt

Die Themen des Kapitels
Die Hürden einer „guten" Erziehung
Man erwartet etwas von mir
Raus aus dem Elternhaus

13.1 Mutti macht das schon

Er sah eigentlich ganz erwachsen aus. Aber irgendwie eine Spur zu freundlich mit seinem festgetackerten Lächeln. Er erzählte an der Hotelbar stolz von seinem erfolgreich abgeschlossenen Studium und dass er jetzt einen interessanten Job gefunden habe. Die Arbeit mache ihm Spaß, allerdings komme er mit den Kollegen nicht so ganz klar. Auf meine Frage, was ihn denn an seinen Mitstreitern störe, meinte er: „Ich habe das Gefühl, die nehmen mich nicht ganz ernst."

Irgendwie ging es mir genauso. Während er erzählte, hatte er ein kindliches Lächeln im Gesicht, und seine Körpersprache unterstrich seine Worte auf unkontrollierte Art und Weise. Ich konnte ihn mir gut als Quengelkind an der Supermarktkasse vorstellen, dessen Mutter seine Wünsche nach Süßigkeiten sofort erfüllte, damit der liebe Kleine schnell wieder brav war. Für einen über Dreißigjährigen wirkte er recht unreif. Er hatte vor kurzem ein Seminar besucht zum Thema

J. W. Goldfuß, *Selber denken kostet nichts,*
DOI 10.1007/978-3-658-00847-5_13, © Springer Fachmedien Wiesbaden 2013

„Jetzt setze ich mich endlich durch". Ein Bekannter hatte ihm dazu geraten, da er zu nachgiebig war, nie Nein sagen konnte und von allen ausgenutzt wurde. „Und, hat es was genutzt?", fragte ich ihn.

Er schaute einen Moment traurig drein und meinte dann, es sei gar nicht so einfach sich durchzusetzen, wenn man es nie gelernt hat. Kein Wunder, dachte ich. Wer in diesem Alter noch zu Hause wohnt, von den Eltern verwöhnt wird, der tut sich schon schwer in der realen Welt außerhalb des behüteten Heims. Wer sich nie mit Essen kochen, Wäsche waschen, Einkaufen und Putzen auseinandersetzen musste, wer stets von seiner treusorgenden Mutter gepampert wird, dem fehlt eine Stufe auf dem Weg zur persönlichen Selbstständigkeit. Sich mit der anerlernten Hilflosigkeit durchzusetzen fällt dann sehr schwer.

Nicht umsonst stoßen Vögel ihren flügge gewordenen Nachwuchs mit sanfter Gewalt aus dem Nest, bevor er zum Nesthocker mutiert. Es ist zwar bequemer, sich umsorgen zu lassen, aber für die persönliche Weiterentwicklung nicht unbedingt von Vorteil.

Vielen Eltern ist nicht bewusst, welche Hindernisse sie ihrem Nachwuchs bereiten durch ihre gut gemeinte Fürsorge. Aber wie Brecht bereits sagte, das Gegenteil von „gut" ist nicht „schlecht", sondern „gut gemeint". Wer dann den Absprung in eine eigene Welt nicht schafft, der beliebt auf ewige Zeiten ein „Nesthocker", physisch und psychisch.

13.2   Am Rande des Tellerrands

Wer bei einem Lahmen wohnt, der lernt hinken. Ein Sprichwort mit hohem Wahrheitsgehalt, denn die Umgebung prägt den Menschen. Wir nehmen alle viel mehr von unserem Umfeld auf, als uns bewusst ist. Es beginnt bereits in der Kindheit, wenn wir uns an unseren Vorbildern, unseren Eltern, orientieren. Der Satz „Erziehung ist vollkommen sinnlos, denn die machen einem doch eh alles nach" zeigt, welchen Einfluss die nächste Umgebung auf uns hat. Im Laufe der späteren Entwicklung und der Pubertät übernimmt man, ohne es zu wissen, Meinungen und Beurteilungsmaßstäbe, die unsere Entscheidungen prägen und beeinflussen.

Wer sich hier nicht bewusst von den unbewusst übernommenen Richtlinien distanziert oder sie zumindest nicht kritisch hinterfragt, der wird nie in der Lage sein, eine eigene Meinung zu entwickeln und zu formulieren. Es lässt sich immer wieder feststellen, dass die Meinungen und Wertvorstellungen von Eltern eins zu eins auf die Kinder übertragen werden. Ausnahme: Der Nachwuchs weigert sich aus prinzipiellem Protest, die Denkrichtung der Eltern zu übernehmen.

Religiöse Prägungen, der Beruf (meist) des Vaters, politische Einstellungen, die soziale Stellung der Eltern, das Wohnumfeld, der Bekanntenkreis der Eltern, dies sind alles Punkte, die den Tellerrand des eigenen Lebens bestimmen. Wer sich nicht durch Hinterfragen eine eigene erweiterte Meinung bildet, der wird immer Gefangener seines Umfelds bleiben. Wer sich aber eine eigene Meinung bildet, und diese regelmäßig auf Aktualität und Relevanz hin überprüft, der lässt sich so schnell nicht von anderen beeinflussen.

„Ich möchte meine Eltern aber nicht enttäuschen, die erwarten von mir . . . " Das Wort erwarten erklärt sich selbst: „Er wartet." Oft wartet man vergeblich auf etwas. Logisch, wenn die eigene Erwartungshaltung nicht mit der Realität übereinstimmt. Dann sollte man die Tatsachen anerkennen. Wer von seinem Nachwuchs etwas erwartet, was dessen Grenzen übersteigt oder nicht mit dessen Vorstellungen korrespondiert, der wird immer enttäuscht sein. Er hatte sich getäuscht und nun ist er ent-täuscht. Wie viele erfolgreiche Schauspieler haben Vater und Mutter mit ihrer Berufswahl schon enttäuscht, bis die Eltern dem Star auf der Bühne Applaus spendeten. Häufig fiel dann der verlogene Satz: „Wir wussten schon immer, dass ein Künstler ihn ihm steckt." Wenn sie es wussten, warum haben sie ihn dann nicht in seiner Entwicklung be- und verstärkt und ihm stattdessen ständig die Sicherheit eines beamteten Buchhalters als Lebensziel vor Augen geführt? Zur Stellenbeschreibung von Eltern gehört übrigens auch eine Portion an Leidensfähigkeit. Wer seinen Weg gehen will, der soll ihn gehen. Und damit wären wir wieder bei Sinatras „I did it my way".

13.3 Oh wie so trügerisch

Nun sind die Wertvorstellungen früherer Generationen nicht mehr dieselben wie derer von heute. So wird das Thema „Fleiß", früher der Garant für Erfolg, heute ganz anders beurteilt. Es sind meist nicht die Fleißigsten, die erfolgreich sind. So wie das Thema „Genauigkeit" heute anders bewertet wird. Gut statt perfekt, „reicht aus" ersetzt die früher angestrebte hundertprozentige Genauigkeit. Auch sind die Erwartungen zum Thema „Glück" heute andere als zum Beispiel in einer Generation, die noch einen Krieg miterlebt hat.

Immer wichtiger wird die Fähigkeit, Kontakte zu knüpfen und Netzwerke aufzubauen. Zwar waren auch früher schon Kontakte recht hilfreich. Durch die höhere Änderungsgeschwindigkeit im Leben heute werden Beziehungen und Kontakte allerdings immer entscheidender für die persönliche Weiterentwicklung.

Höhere geografische Mobilität bedeutet heute auch mehr „Kurzzeitfreunde" oder „Lebensabschnittsfreunde". Der Freund fürs Leben wird zur Ausnahme.

Ebenso gewinnt die Kommunikationsfähigkeit immer mehr an Bedeutung. So hat schon mancher gut ausgebildete Vorgesetzte beklagt, dass er mit seinen Mitarbeitern nicht auf derselben Wellenlänge kommunizieren kann. Je weiter der hierarchische Abstand zwischen oben und unten ist, umso größer das Kommunikationsproblem. Wer nie mit anderen Kreisen verkehrte als mit denen aus dem Elternhaus gewohnten, der wird sich auch kaum in die Denk- und Sprachwelt anderer hineinversetzen können.

Fazit

Eigentumsbildung sollte bereits frühzeitig mit der eigenen Meinung beginnen. Dazu gehört, die Standpunkte und Meinungen aus dem familiären Umfeld nicht aus Tradition zu übernehmen, sondern auf Relevanz hin zu analysieren. Denn wer nichts weiß, muss alles glauben.

Der Tag, an dem sich das Leben gelohnt hätte 14

Hätt' ich nur besser aufgepasst

So mancher flieht aus seiner Welt
Verspricht woanders sich mehr Geld
Am Zielort dort dann angekommen
Hat er viel Neues dort vernommen
Den Frust und Ärger er behält

Die Themen des Kapitels
Verpasste Chancen lassen sich nicht mehr nutzen
Woher hätte ich das denn wissen können?
Flucht ist auch keine Lösung

14.1   Vorbei ist vorbei

Sie können einem schon leidtun, die frustrierten Nostalgiker. Meist sieht man ihnen an der Körperhaltung schon an, dass das Leben sie irgendwie nicht mochte. Sie jammern über Vergangenes, verpasste Chancen, wie ungerecht sie behandelt wurden – die ganze Traurigkeit eines enttäuschten Lebens schlägt dem Zuhörer entgegen. Wenn man sich mit solchen Menschen unterhält, gerät man unversehens in die Rolle eines tröstenden Seelsorgers, der versucht, den Klagenden einen Hoffnungsschimmer in der Zukunft zu vermitteln. Meist erfolglos, denn wer sich so intensiv in eine Opferrolle hineinlebt, der scheint sich darin nicht ganz unwohl zu fühlen. Schließlich führt man sein Leben so, wie man es sich vorgestellt hat, auch wenn sich das mancher nicht eingestehen will.

J. W. Goldfuß, *Selber denken kostet nichts*,
DOI 10.1007/978-3-658-00847-5_14, © Springer Fachmedien Wiesbaden 2013

Wenn dann noch Sätze fallen wie „Da hätte ich damals", oder noch besser „Da hätten meine Eltern damals", muss der sensible Zuhörer oft mühsam seine Tränen des Mitleids unterdrücken. Meist wird die Jammerarie durch vergleichende Beispiele ausgeschmückt. Beispiele von Bekannten oder Kollegen, die „es geschafft haben". Auch hier wird dann das sprichwörtliche Glück oder, je nach religiöser Prägung, eine höhere Macht für die Entwicklung verantwortlich gemacht.

Wenn schließlich noch ein Rest Energie vorhanden ist, dann suchen solche vom Schicksal vermeintlich Benachteiligten häufig eine bessere Zukunft in der Flucht. Sie wandern aus, um ihrem Schicksal zu entfliehen. Es ist die Sorte von Menschen, bei denen es an der anderen Supermarktkasse immer schneller geht, bei denen am Strand die Sonne immer an der Stelle scheint, wo die anderen liegen. Bedauernswerte Typen oder erheiternde Kabarettfiguren? Ihnen scheint das Schicksal immer böse mitzuspielen. Dabei handelt es sich bei ihrer Situation meist nicht um ein Schicksal, etwas von irgendwoher Geschicktes, sondern eher um ein Machsal, etwas selbst Gemachtes, selbst Verursachtes. Da hilft auch kein Motivationsseminar, denn dort trifft man nur Menschen, denen es besser geht, die halt mehr Glück im Leben haben. Und das würde einem ja wieder das Bild von einer ungerechten Welt bestätigen.

14.2   Mir sagt ja keiner was

Jammerer besitzen oft ein erhöhtes Misstrauenspotenzial gegenüber ihrer Umgebung. Bei ihnen trifft der Satz zu: Misstrauen ist die Intelligenz der Benachteiligten. Sie fühlen sich auch immer falsch oder gar nicht informiert. Dabei stünden ihnen dieselben Informationsquellen zur Verfügung wie denjenigen, die selber denken. Aber denken ist nicht jedermanns Sache. Es macht zwar Spaß, aber nicht jeder kann Spaß vertragen. Meist fehlt solchen Menschen auch der nötige Humor, um sich und ihr Umfeld zu betrachten. Wo der eine bei einem auftauchenden Problem humorvoll reagiert mit einem „Es hätte ja noch schlimmer kommen können", ist die Reaktion des Jammertypen: „Das habe ich kommen sehen, das habe ich doch geahnt." Im Sinne der sich selbst erfüllenden Prophezeiung erhält er genau das, was er sich vorgestellt hat. Dann sollte er doch eigentlich glücklich sein, aber das entspricht nicht seinem Lebensscript.

Mir sagt ja keiner was, allerdings habe ich auch keinen gefragt. So kommen enttäuschte Auswanderer nach dem Fluchtversuch in andere Länder immer wieder zurück, weil sie sich nicht ausreichend nach den Lebensbedingungen und Voraussetzungen in ihrem „gelobten Land" erkundigten. Im Fernsehen wurde die

Geschichte einer Familie gezeigt, die mit einer „bahnbrechenden Idee" nach Florida auswanderte, um dort Bratwürste zu verkaufen. Sie investierten vorher in fahrbare Bratwurststände, die auf einem Fahrradgestell montiert wurden, ein bisher einmaliges Produkt. Eigentlich keine schlechte unternehmerische Idee. Als sie dann in Florida mit dem Verkauf beginnen wollten, stellten sie fest, dass es, wie in eigentlich jedem Land, gewisse Voraussetzungen für die Teilnahme am Geschäftsleben gibt. Genehmigungen, Prüfungen, Zertifikate, Anmeldungen – kurz alles, was ein Staat von jemandem wissen will, der dort sein Geld verdienen möchte. Zu dumm nur, dass die Hindernisse erst nach dem Start auftraten. Man konnte sich auch kaum vorstellen, dass die Einwohner Floridas zur deutschen Bratwurst ein weniger inniges Verhältnis besitzen als ein Münchner auf dem Viktualienmarkt. Dass der Auswanderer, ein Finanzberater übrigens, von all diesen Unwägbarkeiten erst vor Ort erfuhr, kostete ihn so viel, dass er samt Familie den Rückzug ins ungeliebte Heimatland antreten musste. Zu dumm, dass ihm keiner vorher etwas gesagt hat über seine neue Heimat. Aber vielleicht hätte man vor der Abreise auch mal fragen können, oder?

14.3 Vielleicht liegt's auch daran

Es gibt aber auch Menschen, die sich sehr gut vorbereiten auf ihre neue Situation. Manche lernen sogar vorher die Sprache ihrer neuen Umgebung (eigentlich selbstverständlich für jeden denkenden Menschen). Sie lesen über Kultur, Geschichte und das Leben am neuen Ziel, sie sind voll informiert, gut gerüstet, fühlen sich topfit für das neue Dasein. Und trotzdem gelingt ihnen nicht der Ansatz einer Integration in das dortige Leben.

Nun kann jemand, der die Straßenverkehrsordnung auswendig beherrscht, noch lange nicht Auto fahren. Wer ein Kochrezept auswendig gelernt hat, der kann noch lange nicht kochen. Es gehören also weitere Fähigkeiten dazu, etwas Neues zu beginnen. Da sind wir dann beim Thema Empathie, der Fähigkeit, sich in andere hineinzuversetzen, sie zu verstehen (nicht nur akustisch), mit anderen gemeinsam etwas erreichen zu wollen. Dazu sollte man wiederum mal über sich nachdenken. Mit welchen Themen, mit welchen Menschen tut man sich leichter, mit welchen ergeben sich häufiger Probleme? Was ist der Grund für die Diskrepanzen? Warum reagiert man (über-)sensibel auf gewisse Themen oder Personen? Es liegt nicht immer an den anderen, wenn man sich nicht wohlfühlt oder gar unglücklich ist.

Als ich für ein paar Jahre nach Brüssel ging, war mein erstes Ziel, die Mentalität der Belgier (genau genommen der Flamen und der Wallonen) zu verstehen. Dazu musste ich einige anerzogene Denksperren überwinden, nicht immer ganz einfach. Eine andere Welt, direkt vor unserer Haustür. Auf unserer Einweihungsparty klärte mich mein Nachbar über Sitten und Gebräuche auf: „Jürgen, etwas müssen Sie wissen. Wenn um 12 Uhr ein neues Gesetz verkündet wird, dann weiß um 13 Uhr jeder mittelmäßig intelligente Belgier, wie er es halbwegs legal umgehen kann." Okay, wenn man hier so tickt, dann ticke ich mit. Nach recht kurzer Zeit kamen dann Rückmeldungen von meinen Geschäftspartnern: „Man merkt Ihnen gar nicht an, dass Sie aus Deutschland sind." In ein fremdes Kloster nimmt man eben keine eigenen Gebete mit.

Fazit

Egal, wo Sie hingehen, Sie nehmen sich mit Ihren Gedanken und ungelösten Problemen immer mit. Eine Flucht vor sich selbst ist noch niemandem gelungen. Scherzhaft ausgedrückt: „Wieso soll ich in Urlaub fahren? Mir gefällt es doch zuhause schon nicht".

Der Kellner, der nie in der Küche war 15

Wie Sie garantiert zu Geld(verlust) kommen

Ein Guru erzählte aus seinem Leben
Wie er mit reinem fleißigen Streben
Den Umsatz steigerte
Sich dem Finanzamt verweigerte
Musst Monate im Knast dann leben

Die Themen des Kapitels
Reichtum für alle heißt Armut für alle
Der Millionär aus Musterstadt
Eine wirklich lohnenswerte Kaffeefahrt

15.1 Wem vertrauen wir da eigentlich?

Beim Geld hört der Spaß auf. Ein altes Sprichwort. Blickt man in die Welt der Finanzgurus, so entsteht der Eindruck: Beim Geld setzt der Verstand aus. Eine ganze Branche lebt von der Naivität der Menschen. Da werden Versprechungen gemacht, die selbst jemand mit einem unterdurchschnittlichen IQ leicht durchschauen könnte, wenn er mit etwas Logik an das Thema herangehen würde. Da wird von Pseudoexperten die Finanzwelt erklärt und das staunende Publikum lauscht fasziniert, meist sogar gegen Bezahlung. Da findet man in der Literatur Tipps, bei denen man sich nicht sicher sein kann, ob der Autor aus dem Kabarett oder aus der Psychiatrie stammt. „Wenn Sie richtig viel Geld wollen, kaufen Sie Ihre Firma." Ein schlichter Rat für schlichte Gemüter. Auch nicht schlecht: „Kümmern Sie sich um die Euros und vergessen Sie die Cents."

J. W. Goldfuß, *Selber denken kostet nichts*,
DOI 10.1007/978-3-658-00847-5_15, © Springer Fachmedien Wiesbaden 2013

Ein paar Beispiele, wie man seinen Reichtum vermehrt, aus dem Bestseller „Der Weg zur finanziellen Freiheit – in sieben Jahren die erste Million": „Ich fasste den Entschluss, Millionär zu werden" – ein geldwerter Hinweis.

Dann folgen die absoluten Power-Tipps:

„Haben Sie immer einen 1000-Mark-Schein bei sich, Sie fühlen sich reich (heute reichen 500 €)."

„Sie lernen, sich mit Geld wohl zu fühlen (funktioniert es auch mit einem geliehenen Schein?)."

„Sie bauen Ihre Angst ab, Geld zu verlieren oder beraubt zu werden (ohne den Schein gäbe wohl auch keine Angst)."

„Sie sind für den Notfall gerüstet und haben für Schnäppchen immer genug dabei, um eine Anzahlung zu leisten (absoluter Tipp für Schnäppchenjäger)."

„Sie trainieren Ihren Disziplinenmuskel" (wo immer der sitzt).

„Ihr Unterbewusstsein wird Ihnen helfen, mehr Geld zu erhalten, weil es sieht, dass Geld Ihnen Freude bereitet (wie spricht man mit seinem Unterbewusstsein?)."

Dann folgen noch einige Ratschläge, die auch der Großmutter mit ihrer Rente weiterhelfen: „Sparen macht Sie zum Millionär". Ganz selbstlose, gesellschafts-kritische Ratschläge dürfen auch nicht fehlen: „Es ist Zeit, den Kapitalismus der wenigen jedem zugänglich zu machen. Dazu können Sie beitragen, indem sie priva-ten Wohlstand erwerben und ein Beispiel sind". Wer nach all den goldenen Tipps nun an die Börse will, der sollte aber immer dran denken: "Sie brauchen genügend Bargeld".

Ein anderes Beispiel: In einem Erfolgspaket aus acht CDs, zwei Postern und einem Arbeitsbuch wird gezeigt, „wie Sie Schritt für Schritt jeden Aspekt Ihrer Wohlstandsbildung automatisieren". Unter anderem erfährt der Käufer, warum „Sie Ihr Haushaltsbudget (und den dazugehörigen üblichen Familienstreit) ver-meiden können, wenn Sie möchten". Weniger Streit, darüber freut sich dann die ganze Familie.

Wenn das Weiterbildungsbudget immer noch nicht erschöpft ist, dann gibt es weiteres Aufklärungsmaterial: „Reichtum kann man lernen." Ein mehr als zufrie-dener Kunde berichtet dort: „Ich bin begeistert von ‚Reichtum kann man lernen'. Ich habe es mir elf (!) Mal angehört." Scheint eine komplexe Materie zu sein, wenn man sich so oft berieseln lassen muss.

Wer es mit dem Reichwerden eilig hat, der sollte sich „Internet-Millionär in 24 Monaten" beschaffen. Wie man mit dem Verkauf einer Finanz-CD schnell Geld verdienen kann, das erklärt der Autor auf einem natürlich kostenpflichtigen Seminar im gehobenen Ambiente.

Nun haben die meisten der Finanzgurus eines gemein – keine fundierte Ahnung. So wie viele der Finanzbetreuer oder Finanzberater bei Sparkassen und Banken nur das auf einem Seminar gelernte Wissen bedeutungsschwer weitergeben, so vermarkten die Gurus ihre Schlagworte mit geschickter Kommunikation und vielen bunten Bildern.

Keiner der sogenannten Fachleute weiß, was sich in Zukunft auf den Finanzmärkten abspielt. Dank der rhetorischen Fähigkeiten und einem vom Konzern gesponserten Schnellkurs verblüffen sie jedoch den gegenübersitzenden Laien mit wohlklingenden Schlagworten. Dabei spielt es kaum eine Rolle, ob der Berater freiberuflich aktiv ist oder auf der Gehaltsliste eines Geldinstituts steht: Es sind in erster Linie Verkäufer, die unter selbst generiertem oder vorgegebenem Erfolgsdruck stehen. Da wird zunächst einmal der gesamte Bekanntenkreis sondiert und mit Finanzprodukten versorgt.

Wenn er dann noch die schnelle Kohle als Versicherungsvertreter machen will, wird er Spezialist für Umdeckungen. Da sorgt er dafür, dass Kunden zu vermeintlich günstigeren Produkten oder Tarifen wechseln, denn das garantiert ihm neue Provisionen. Wichtig ist lediglich der gut sitzende Anzug und die Sympathie erzeugenden Fragen nach den Kindern, dem Auto und die Bewunderung der stilvoll eingerichteten Wohnung. Dann klappt es automatisch mit den „LEOs", den leicht erreichbaren Opfern.

So besuchte uns eines Tages ein Finanzfachmann, von dem wir zufällig wussten, dass er früher in der Nachbarschaft als Kraftfahrzeugmechaniker tätig war. Er äußerte sich erst einmal lobend über meine Bücher, wobei ich skeptisch bin, ob er je eines davon gelesen hatte. Dann legte er seine Hochglanzprospekte auf den Tisch und erzählte begeistert von den einmaligen Finanzprodukten, die nur über seine Organisation vertrieben würden. Ich heuchelte Interesse und stellte mich etwas dümmer, als es meinem Wissensstand entsprach.

Als ich ihn fragte, wie er die weltwirtschaftliche Entwicklung einschätze, da faselte er etwas von den Problemen des US-Dollars, der an allem schuld sei. Ich versuchte ihn etwas aufzuklären anhand der langen Wellen der Konjunktur, der Kondratieff-Zyklen. Da wurde er unsicher und meinte, er käme besser ein anderes Mal vorbei. Er hätte dann Produkte, die mehr auf mein Profil passen würden. Wir haben ihn nie mehr gesehen.

Glück hatte die Mitarbeiterin einer großen deutschen Bank, die uns einen Fond mit einem tollen Namen anbot, der absolut sicher sei, „denn da ist Daimler mit drin, kann also gar nichts schiefgehen". Sie hatte deshalb Glück, weil wir gerade Glück hatten. Durch einen unverhofften Auftrag lagen ungeplante Euros auf dem Tisch. Im Vertrauen auf den Namen der Bank willigten wir ein, verfolgten die Entwicklung des Kurses (so etwas kostet auch Zeit) und stellten nach einigen Monaten fest, dass die Aufwärtskurve sich entgegengesetzt bewegte. Wir zogen noch rechtzeitig die Notbremse und kamen ohne Verlust aus dem Sonderangebot heraus. Etwa ein Jahr später erhielten wir einen Anruf vom selben Institut, sie hatten wieder etwas Tolles im Angebot. Nach unserem Hinweis auf die bisherigen Erfahrungen mit den Produkten des Instituts sagte die Dame: „Ja, der Fond war auch nicht so toll." Auf die Bitte, mit ihrer Kollegin sprechen zu wollen, die uns damals die Investition schmackhaft gemacht hatte, erfuhren wir: „Die ist schon lange nicht mehr bei uns." Wurde sie wegen zu geringer Umsätze ein Opfer des Personalkarussells?

Mich erinnern solche Fachleute immer an Kellner. Ein Kellner, der nie in der Küche war und nie gesehen hat, wie die Menüs zubereitet werden, der kann keine qualifizierten Antworten zum Inhalt des Menüs geben. Er ist immer nur Transporteur – von der Küchentür zum Tisch des Gastes. Genauso operieren die Finanzberater, sie liefern etwas ab und wissen nicht, was drin steckt.

Ich musste auch an eine Bahnfahrt denken, bei der zwei Finanzberater aus Mainhattan bei mir am Tisch im Speisewagen saßen. Sie waren auf dem Weg zu einem Fußballspiel in München und glühten schon etwas vor, der eine mit Cognac, der andere mit Whisky. Meine Anwesenheit wurde ihnen immer weniger bewusst und sie redeten immer offener über ihren Job. Einer der beiden hatte seinem Schwiegervater einen todsicheren Anlagetipp gegeben, der aber in einem ansehnlichen Verlust endete. Die beiden diskutierten nun ausführlich über die Zuverlässigkeit von Prognosen, über die verschiedenen Quellen, aus denen sie ihr Fachwissen aktuell bezogen. Der Tippgeber beklagte dann noch, dass das persönliche Verhältnis zu seinem Schwiegervater derzeit extrem gestört sei und man sich in dieser Branche auf nichts, aber auch auf gar nichts, verlassen könne.

Ich schmunzelte, denn mir fiel der Artikel über die Börsenaktivitäten von Mr. Monk ein, einem 35-jährigen Kapuzineraffen aus Brasilien, dem ehemaligen Aktienexperten der Chicagoer „Sun-Times".

Die Zeitung ließ ihn zu Beginn eines jeden Jahres fünf Börsenwerte auswählen, die dann über das ganze Jahr beobachtet wurden. Dem Tier wurde zu diesem Zweck ein Farbstift in die Hand gedrückt. Dann wurde es vor die Börsenseiten der Zeitung gesetzt, auf denen es mit affenartiger Präzision gewissenhaft seine Investitionsempfehlungen markierte. Das machte Mr. Monk ab dem Jahr 2003.

Die Redaktion kam damals in einer kreativen Phase auf die Idee, dass man, wenn man sich schon an der Börse zum Affen macht, es auch richtig machen sollte. Die erwartete Blamage fiel jedoch aus: Mr. Monks Portfolio legte jedes Jahr deutlich zu.

In 2003 „erwirtschaftete" er ein Plus von 37 %. In 2004 kam er auf 36 %. 2005 hatte er sich ein bisschen verspekuliert, getreu dem Vorbild der Profis, und nur 3 % erwirtschaftet. Aber schon 2006 lag er wieder bei 36 % Steigerung.

Und für welche Branchen prognostizierte der affige Experte zukünftige Gewinne? Er setzte auf Spritzen, Urologiebedarf, Frauenbekleidung, Früchte und

Gemüse. Wenn man den Trend im Gesundheitswesen und die Preisentwicklung im Agrarbereich betrachtet, dann fällt es schwer, der Koryphäe aus dem Tierreich zu widersprechen.

Ein Affe als Finanzexperte, der dieselben Erfolgsquoten wie ein Finanzberater erzielen kann, warum nicht? Die Honorierung wäre für die Anleger auf jeden Fall günstiger, nämlich in Form von Peanuts. Mr. Monk ist nun in Pension, aber die Zeitung findet bestimmt wieder einen neuen Affen für ihre Finanzprognosen.

15.2 Millionär in einem Jahr – aber wer von uns beiden?

Die einzige Art, schnell reich zu werden, ist, ein Buch zu schreiben, wie man schnell reich wird. Wenn man sich die verschiedenen Angebote, ob in Buchform, als elektronisches Medium oder als Seminar, auf dem Markt anschaut, kann man diesen Satz nur bejahen. Denn der Wunsch nach schnellem Reichtum verführt so manchen zu Ausgaben, die sich nie amortisieren.

So gibt es eine Seminarreihe mit dem Titel „In 366 Tagen Millionär – garantiert". In einem Jahresprogramm (wegen der 366 Tage muss es sich wohl um ein Schaltjahr handeln) werden die Teilnehmer laut Anmeldebedingungen per Präsenztraining, Telefon, E-Mail oder Skype Schritt für Schritt zum Millionär „ausgebildet". Die Kosten der Weiterbildung belaufen sich auf schlappe 10.000 €. Für den Veranstalter ist der Titel bestimmt schon in Erfüllung gegangen. Dank Google und YouTube kann sich jeder über das Geschäftsmodell informieren und seine eigene Meinung bilden.

Ein umwerfendes Angebot von einem anderen Unternehmen informiert über (Originaltext) „eine der genialsten Geschäftsideen des 21. Jahrhunderts. Eins ist sicher, wir werden so viele Millionäre vorbringen, wie kein anderes Unternehmen! Wir haben die Schnittstelle zu den Milliardenmärkten dieser Welt geschaffen!! Wir verbinden Menschen, Qualität, Leben und Führung. Würden Sie gerne ein zusätzliches Einkommen von etwa 1.000 € täglich haben, wo Sie 30.000 € im Monat verdienen und in ersten Jahr 1.000.000 € geschenkt bekommen, indem Sie nur 2–3 Stunden am Tag arbeiten? Wir haben ein unglaubliches, ein (r)evolutionären Geldherstellungssystem entwickelt und wir berichten der Welt darüber! Dieses Geschäft ist für jeden geeignet! Sie benötigen kein Startkapital! Keine finanzielle Risiko! Null Euro Investition!!!" Soweit die Anpreisungen in holprigem Deutsch.

Das Unternehmen existiert mittlerweile allerdings nicht mehr (wie übrigens viele andere Geldversprecher). Eigentlich schade, es war doch so eine tolle Idee.

Auf einer anderen Internetseite wurde ebenfalls Reichtum versprochen: „Aus 1 € machen Sie 1.000.000 € oder viel mehr. Ich war entsetzt, wie viel Geld auf mein PayPal-Konto kam. Investieren Sie nur 30 min Ihrer Zeit und lediglich 1 € ! Werden Sie Millionär mit nur 1 € !! Ich verspreche Ihnen, Sie werden es nicht bereuen! Aus 1 € machen Sie 1.000.000 € oder viel mehr. Sie wollen wissen, wie auch Sie an die 1.000.000 € kommen?" Die Seite gibt es mittlerweile auch nicht mehr, überraschend?

Ein anderes Geld verheißendes Unternehmen gibt im Impressum seiner Homepage Auskunft über die Seriosität des Ladens. Dort findet man unter der Rubrik Firmensitz/Firmenadresse:

Musterstr. 30

33333 Musterstadt

Tel 0123/4567890

Fax 0123/4567890

Natürlich fehlt auch nicht die Umsatzsteuer-Identifikationsnummer: 0123456789

Wer im Internet nach den Stichworten „Millionär werden", „reich werden" und ähnlichen Begriffen sucht, dem wird die ganze Bandbreite von Scharlatanen und Glücksgurus vor Augen geführt.

Bevor Sie irgendwann nach Zahlung Ihres „Lehrgelds" ins Grübeln kommen, sollten Sie bei all diesen verlockenden Angeboten immer daran denken: Selber denken kostet nichts. Vor allem sollten die Firmensitze stutzig machen: London, Gibraltar und andere entferntere Gegenden, in die der Arm des BGB nicht hineinreicht.

15.3 Der sechste Sinn – wo aber sind die anderen fünf geblieben?

Vor Jahren waren Pyramidenspiele bei den Abzockern noch eine beliebte Einnahmequelle. Das Schneeballsystem sorgte dafür, dass eine immer größere Anzahl von Mitspielern den Initiatoren einen immer größeren Gewinn verschaffte. Zahlreiche juristische Einwände wie der § 16 Absatz 2 des Gesetzes gegen den unlauteren Wettbewerb (UWG) machten dieses System unpopulär.

Wer schnell Millionär werden will, der lässt sich auch schnell etwas Neues einfallen. So bietet ein Veranstalter eine Informationsveranstaltung über Finanzcoaching-Seminare an. Eine Bedingung dabei ist, dass man mindestens zwei weitere Personen mitbringen muss. Die Informationsveranstaltung selbst ist kostenlos, die anschließende Teilnahme am strengstens empfohlenen Seminar kostet dann allerdings 5.000 €. Das Seminar wird als die ultimative Lösung angeboten, mit der man seine Finanzen bis hin zu großem Reichtum regeln könne. Fotos von Yachten, Autos und anderen Luxusobjekten werden den Teilnehmern permanent präsentiert, Manipulation vom Feinsten. Die Teilnehmer werden dort räumlich auseinandergesetzt, um nicht miteinander sprechen zu können. Wer sich nicht zur Teilnahme am gebührenpflichtigen Seminar bereit erklärt, der wird einen Tag lang einer Art Gehirnwäsche unterzogen.

Die Referenten zeigen Kontoauszüge, um zu beweisen, wie erfolgreich man nach der Teilnahme an den Seminar sein könne. Und viele Teilnehmer lassen sich vom vermeintlichen Zugewinn überzeugen. Wie naiv kann man eigentlich noch sein? Gier frisst Hirn. Da ist das betagte Publikum auf Kaffeefahrten bereits aufgeklärter.

Ein Konkurrenzunternehmen hat das System nun kopiert. Dort kostet die Teilnahme 5.500 €, in bar zu entrichten. Es gibt Leute, die zahlen für Geld jeden Preis. Für jeden neugewonnenen Teilnehmer erhalten die Seminarteilnehmer eine Kopfprämie. Nach Schätzungen der zuständigen Finanzämter wurden bereits 65.000 Teilnehmer abkassiert, ohne die Einnahmen zu versteuern.

Auf den Werbefilmen der Veranstalter sieht man meist elegant gekleidete Menschen mit glücklichen Gesichtern, die die Redner anfeuern und von den Erfolgen nach den Schulungen berichten. Begeisterung auf Glückskeksniveau. Manche dieser Aufnahmen erinnern an religiöse Rituale, bei denen die Gläubigen sich in wilden Verzückungen ergehen.

Dass es sich bei den Systemen um lukrative Einnahmequellen handelt, zeigen die Auseinandersetzungen zwischen den Veranstaltern, die mafiaähnlich auch schon mal zu härteren Bandagen greifen und sich gegenseitig mit Schlägertrupps in Erinnerung rufen.

Fazit

Guter Rat ist teuer, schlechter aber auch. Lernen Sie zuzuhören, und Sie werden auch von denjenigen Nutzen ziehen, die dummes Zeug reden. Wer den ultimativen Tipp zur ersten Million hat, warum behält er den eigentlich nicht für sich und wird selbst reich? Man kann es auf zwei Arten zu etwas bringen: durch eigenes Können oder durch die Dummheit der anderen – und der Erfolg vieler hängt mit der Dummheit ihrer Bewunderer zusammen.

Schwarz ist auch eine schöne Farbe

Die Diktatur der Optimisten

Der Pessimist ist schnell mal sauer
Denn er stößt oft gegen ne Mauer
Der Optimist dagegen denkt
Dass er sein Leben selber lenkt
Wer von den beiden ist nun schlauer?

Die Themen des Kapitels
Was ist dran an den Storys der Gurus?
Ab wann mündet „positiv sehen" in Realitätsverlust?
Wem darf man glauben?

16.1 Eine Tasche voller Lügen

Jeder kennt das Beispiel vom Wasserglas, das zur Hälfte gefüllt ist. Der Optimist betrachtet es als halb voll, der Pessimist bezeichnete es als halb leer. Dabei hat jeder recht, von seinem persönlichen Blickwinkel aus gesehen.

Die Wahrheit liegt im wahrsten Sinne des Wortes in der Mitte. Die Optimismus-Industrie kennt allerdings nur einen Blickwinkel: Das Glas ist halb voll. Negatives darf es nicht geben, die Welt ist schön und alle Menschen sind glücklich.

Das Lebenshilfekabarett verkündet wunderschöne Geschichten, die dem zahlenden Publikum eine erfolgreiche Zukunft versprechen. Da wird dann die Frage gestellt, ob jemand lieber zur Gruppe der Adler oder zur Gruppe der Hühner gehören will. Nun, wer bei dem Stichwort Hühner an Käfighaltung denkt, der zieht die Adlervariante wahrscheinlich vor. Es gibt aber auch frei laufende Hühner mit

J. W. Goldfuß, *Selber denken kostet nichts*,
DOI 10.1007/978-3-658-00847-5_16, © Springer Fachmedien Wiesbaden 2013

vielen sozialen Kontakten untereinander und dem Erfolgserlebnis, für die Menschheit wertvolle Nahrungsmittel zu produzieren. Der Adler hingegen ist eher ein Einzelgänger bzw. Einzelflieger, der zwar einen besseren Überblick besitzt, aber ansonsten recht wenig Kontakte, mit denen er sich mal austauschen kann. Hühner haben sogar noch einen Vorteil: Es gibt sie immer, der Adler aber gehört zu den bedrohten, aussterbenden Arten.

Die Adlerstory kommt allerdings bei dem enthusiastischen Publikum besser an, weil sie dramaturgisch geschickter präsentiert wird. Einer der bekannten Motivationstrainer von jenseits des Teiches sagt dazu: „Wir sind eine Unterhaltungskultur und leben in einem Unterhaltungszeitalter. Viele Unternehmen im Bereich Persönlichkeitsentwicklung erzielen bei ihren Kunden nicht die Resultate, die sie eigentlich wollen, aus einem einfachen Grund: Die meisten Menschen wollen lieber unterhalten als ausgebildet werden. Der Ausbilder des 21. Jahrhunderts muss ein herausragender Entertainer sein, der die Leute mit den besten Werkzeugen ausstattet und sie motiviert, diese dann anzuwenden."

Zumindest hat er eingesehen, dass er selbst niemanden motivieren kann. Im Gegensatz zu den vielen, die in ihren Werbeprospekten vollmundig verkünden: „Lassen Sie sich von mir motivieren." Da wird dann eine Tasche voller Lügen auf der Bühne ausgepackt.

In seinem lesenswerten und amüsant geschriebenen Buch „Wie Sie garantiert nicht erfolgreich werden! – Dem Phänomen der Erfolgsgurus auf der Spur" beschreibt der Psychologe Dr. Uwe Peter Kanning, welche wertvollen Informationen von der Bühne herab dem andächtig lauschenden Publikum präsentiert werden, und entlarvt sachlich wie auch wissenschaftlich fundiert die Tipps der Meister als Nonsens.

So zitiert er einen der bekannten Gurus: „Ich schreibe alle meine Probleme auf einen Zettel, zerreiße ihn anschließend und schon sind alle Probleme beseitigt." Kannings Kommentar: „Der glaubt ja mit dieser lustigen Methode die Probleme aus dem Unterbewusstsein tilgen zu können. Aber diese kleine Widersprüchlichkeit wollen wir dem Meister einmal durchgehen lassen. Ein so viel beschäftigter Mann, der Erfolg und Glückseligkeit unter die Menschen bringen will, kann sich sicher nicht mit jeder Kleinigkeit aufhalten." Der Psychologe erläutert dann für jeden nachvollziehbar, warum es sich bei dem Tipp des Meisters schlichtweg um Quatsch handelt.

Die ganze Bandbreite der Ratschläge des Motivators erschließt sich, wenn man seine beiden Kernsätze nebeneinander stellt. Kernsatz Nr. 1: „Gib nie, nie, nie, niemals auf" (das Copyright liegt übrigens bei Churchill) und Kernsatz Nr. 2: „Steig ab vom Pferd, wenn es tot ist." Da ist doch für jeden etwas dabei. Man muss sich nur entscheiden können, welcher Spruch einem besser gefällt. An einer Stelle hat der Show Man auf der Bühne auf jeden Fall recht, nämlich wenn er sagt: „Ich sage nicht, dass das richtig ist, was ich sage." Irgendwie bewundernswert, diese Ehrlichkeit, oder? Trotzdem, gesegnet seien jene, die nichts zu sagen haben und den Mund halten.

Welche Auswirkungen die Thesen der Pseudoexperten auf der Bühne haben können, das zeigt auf erschreckende Weise der Film „Ich werde reich und glücklich" von Doris Metz. Die Filmemacherin hat drei Frauen und drei Männer, Kunden eines Gurus, über acht Monate lang auf ihrer Suche nach dem Erfolg begleitet. Das Resultat sind anrührende, beklemmende und bizarre Geschichten von Menschen, die Gewinner sein wollen und sich dabei immer mehr verlieren. Gleichzeitig vermittelt der Film Einblicke in den Seelenzustand einer Gesellschaft, in der Geld mit Glück gleichgesetzt wird. Im Laufe der Dreharbeiten ging der im Film erwähnte Erfolgsguru übrigens Pleite. Irgendwie hat es mit den eigenen Thesen wohl nicht so ganz geklappt. Er hätte vielleicht mal das Erfolgsseminar eines Kollegen besuchen sollen.

Vielleicht hätte er auch „The secret" lesen sollen. Dort wird das Gesetz der Anziehung realitätsnah erklärt. Vor einem Schaufenster steht eine Frau und starrt fasziniert auf eine Halskette, das Objekt ihrer Begierde. Der Glaube versetzt Berge, der Wille Halsketten, denn plötzlich hat die Dame allein durch ihre Willenskraft die Kette am Hals hängen. David Copperfield würde vor Neid erblassen. Die US-Autorin Barbara Ehrenreich hat in ihrem Buch „Smile or die" den ganzen esoterischen Hokuspokus aufs Korn genommen. Sie kam nach einer Krebserkrankung zur Einsicht, dass positives Denken in gewissen Lebensphasen kontraproduktiv sein kann. Wenn dem Patienten suggeriert wird, er sei deshalb krank, weil er nicht positiv genug gedacht habe, handelt es sich um einen Akt nahe der Körperverletzung.

16.2 Geh mir weg mit der Realität

Die Realität ist anders als die Wirklichkeit, so ein bekannter Fußballspieler. Nun, bei manchen Menschen kann man tatsächlich einen Unterschied feststellen zwischen dem, was sie sehen, und dem, was tatsächlich vorhanden ist. Wer alles immer nur positiv sieht, der läuft Gefahr, die Realität zu ignorieren. Gerade Menschen mit einem schwachen Selbstbewusstsein lassen sich mit extrem positivem Denken von den Fakten im Leben ablenken. Unter gewissen Umständen kann das positive Denken sogar schädlich sein, wenn es zu Sorglosigkeit, Leichtsinn oder ungesundem Verhalten führt.

Wer mit dem Spruch „Mir wird schon nichts passieren" durchs Leben geht, der lebt zwar leichter als derjenige, der dauernd grübelt, was noch alles passieren könnte. Andererseits darf der motivierende Spruch nicht dazu führen, vorhandene oder auftauchende Risiken zu ignorieren. Ob jemand, der zum permanenten Negativdenken neigt, zum Optimisten werden kann, das hängt von seinen Erfahrungen ab und, wie Psychologen nachweisen konnten, auch von seiner genetischen Veranlagung. Wer eher dem Pessimismus zugeneigt ist, der wird nach einer Motivationsveranstaltung entweder mit noch mehr Misstrauen Negatives erwarten oder aber mit aufgesetztem Optimismus und chronischer Fröhlichkeit zwiegespalten durchs Leben gehen.

Der Psychotherapeut Günter Scheich hat in seinem Buch „Positiv denken macht krank – Vom Schwindel mit gefährlichen Erfolgsversprechen" die Fallen des positiven Denkens aufgezeigt. Er schreibt unter anderem: „Was soll am ‚positiven Denken' schädlich sein? Was soll daran schädlich sein, der Aufforderung zu folgen, möglich nur positiv zu denken? Ist es nicht so, dass wir alle in unserem Bekanntenkreis Menschen haben, deren negative Lebenseinstellung ein Fortkommen im Bereich sozialer Beziehungen und der Berufswelt behindert? Und würden wir es ihnen nicht gönnen, dass sie es lernten, die Welt, ihre Welt, positiver zu sehen? [. . .] Labile Menschen, die sich durch die Bücher ein wenig ‚Lebenshilfe' erhoffen, laufen Gefahr, durch den Versuch, das ‚positive Denken' anzuwenden, erst richtig krank zu werden [. . .] Das Prinzip des ‚positiven Denkens' beruht auf einer von vornherein falschen Grundannahme: Es geht davon aus, dass man allein durch eine Umstellung des Denkens seine Psyche beeinflussen kann."

Soweit der Fachmann. Die Propheten des positiven Denkens bezeichnet er als „Missionare mit Schreibwut". Dabei analysiert er die Methoden der meist aus dem amerikanischen Raum kommenden Motivationsprediger, von denen viele aus einem religiösen oder pseudoreligiösen Umfeld stammen.

Egal, ob man sich nun mit der Literatur der Positivdenker oder ihren Bühnenauftritten beschäftigt, jeder sollte kritisch prüfen, welche der Thesen zu seinem Lebensstil und seiner Denkwelt passen. Das Ziel ist ein realistischer Optimismus.

Vor allem sollten Sie sich davor hüten, immer „gut drauf" sein zu wollen. Wie beim Wetter auf ein Hoch ein Tief folgt und anschließend wieder ein Hoch, so braucht der Mensch auch Phasen, in denen er schwarz als eine schöne Farbe betrachten kann. Wer durch die Welt läuft mit einem Dauerlächeln und der „Ich bin der Größte"-Attitüde, der wird von seinem Umfeld schnell wieder herunter geholt. So wie die Krabben im Krabbenkorb jeden herunterziehen, der den Korb verlassen will.

Beispiele für fehlgeleitetes Positivdenken findet man häufig in Unternehmen, in denen Vertriebsmitarbeitern Ziele und Visionen vermittelt werden, die sich als unrealistisch herausstellen. So mancher fiel schon, immer noch mit glänzenden Augen, unverhofft zurück in den Krabbenkorb des Alltags.

Dass auch Negativdenken ganz sinnvoll sein kann, das beschreibt Paul Pearsall in seinem Buch „Denken Sie negativ – Unterdrücken Sie Ihren Ärger und geben Sie anderen die Schuld". Pearsall hatte Krebs, galt als todkrank und erhielt aus seinem Bekanntenkreis (gut gemeint) eine Menge Selbsthilfeliteratur: „Doch je mehr Selbsthilfekonzepte ich während meiner Krankheit kennenlernte, desto stärker geriet ich unter Druck und umso hilfloser fühlte ich mich." Er berichtet unter anderem vom Einfluss des Negativdenkens auf Heilungsprozesse: „Zur Heilung braucht es keine positive Einstellung. Suzanne C. Segerstrom hat für ihre Studien zum Optimismus den höchst dotierten Preis für Psychologie erhalten, den Templeton Positive Psychology Prize 2002. Mit ihren Untersuchungen konnte sie nachweisen, dass die konstante Bemühung um eine positive und bejahende Einstellung nicht die beste Heilungsmethode ist und sogar wertvolle Heilungsenergie verschwenden kann. Die Studien zeigten außerdem, dass das gute altmodische Nörgeln dem Heilungsprozess durchaus förderlich sein kann, wie auch eine adaptive positive Energie vom negativen Denken ausgeht. Aus Segerstroms Arbeit lässt sich ableiten, wie wenig eine unermüdlich auf das Positive setzende und das Negative zu eliminieren suchende Lebenseinstellung als Heilmethode taugt. „Manchmal ist es gerade das ängstliche, negative Denken des ‚defensiven Pessimismus' mindestens so hilfreich wie ‚strategischer Optimismus'. Das Ausmalen negativer Folgen kann ebenso heilsam sein wie die Visualisierung wundervoller Folgen."

Das passt zwar nicht ganz in die Philosophie der „Tschakisten", relativiert aber das Diktat chronischer Fröhlichkeit, das von den berufsmäßigen „Positivisten" propagiert wird.

Positives Denken kann, genauso wie negatives Denken, realitätsfremd sein. In beiden Fällen besteht die Unfähigkeit, Gefühl und Wahrnehmung voneinander zu trennen. Die Einbildung wird zur Realität wegen des damit verbundenen „guten Gefühls". Die Alternative, der realistische Optimismus, besteht darin, dass wir uns sozusagen neben uns stellen und die Dinge so sehen, wie sie sind, ungefärbt von unseren Gefühlen und Fantasien.

16.3 Gesund ist, was der Doktor sagt

„Der Doktor wird schon wissen, was gut ist für mich." Mit diesem Satz hat schon mancher die Verantwortung für die eigene Lebensführung an einen Fremden delegiert. Der Halbgott in Weiß hat bestimmt mehr Ahnung als ich, also glaube ich bedingungslos seinen Worten und Tipps. Genauso reagieren viele, die sich den Strahlemann-Gurus unterwerfen. Dabei bedeutet Guru im Sanskrit „Verleiher des Wissens". Was weiß der eigentlich? Und hier beginnt bereits der kabarettistische Teil. Der Guru weiß Bescheid über die Saalmiete, seine Eintrittspreise und sein Programm, genau wie ein Kabarettist. Der allerdings zieht seine Botschaft bewusst ins Lächerliche, es ist nur Spaß. Der Guru hingegen versucht den Klamauk Teil ernsthaft zu präsentieren, er möchte ernst genommen werden, seriös erscheinen. Häufig braucht er das Gefühl der Wertschätzung, denn die Biografie so mancher „Motivatoren" lässt auf einen gewissen Nachholbedarf an Anerkennung und Status schließen.

Da kommt einer aus ganz armen Verhältnissen, entging knapp dem Hungertod, hatte Probleme mit den Eltern, wurde in der Klasse verlacht – und entschloss sich dann, berühmt und reich zu werden. Wenn das mal keine ehrfürchtige Anerkennung verdient.

Wenn dann noch (dazugekaufte?) Titel und Ehrenbezeichnungen auf der Visitenkarte stehen und außerdem tatsächlich eine Ausbildung an einer seriösen Einrichtung stattgefunden hat, kann widerspruchslos auch der größte Blödsinn verkündet werden.

Gefährlich wird es für denjenigen Zuhörer, der besser bei einem professionellen Helfer aus dem Bereich Medizin oder Psychologie aufgehoben wäre. Wer an Ängsten oder Depressionen leidet, bei dem können die verkündeten Binsenweisheiten das Krankheitsbild eher noch verschlimmern. Da reichen positives Denken und ein Lächeln in sich hinein oder heraus zur Beseitigung eines Kernproblems wirklich nicht aus. Und im Gegensatz zu den Pseudohelfern wird die professionelle Hilfe von der Krankenkasse finanziert. Gerade beim Thema Burn-out werden die Symptome durch „Sieh alles positiv"-Tipps eher noch verstärkt. Solche Zusammenhänge zu sehen und zu verstehen, das wäre allerdings zu viel verlangt von den Entertainern.

Fazit

Das Leben war so einfach, bevor wir alle anfingen nachzulesen, wie wir es führen sollen (Ben Wyld). Glück ist, wenn man Pech hat und es nicht merkt.

Die Wahrheit der Dogmatiker

17

Der Sehfehler der Gurus

Ein Motivator in Aalen
Tat lauthals damit prahlen
Wie er Weisheiten verkündet
Die er selbst erfindet
Und die Leute dafür noch zahlen

Die Themen des Kapitels
Das „Das macht man immer so" hinterfragen
Aliens im Kindergarten
Vom Horoskop zur Seminarreihe

17.1 Mit der Auflage steigt der Wahrheitsgehalt

Je häufiger etwas wiederholt wird, umso größer muss der Wahrheitsgehalt wohl sein. So funktionieren Werbung und Propaganda. Wenn etwas oft genug praktiziert wird, nennt man es Tradition. Für manchen eine heilige Kuh. So fragte die Tochter ihre Mutter am Thanksgiving Day, dem Nationalfeiertag der USA, warum sie den traditionell fälligen Truthahn denn in zwei Teile zertrenne, bevor sie ihn in den Topf werfe. Die Mutter hatte, wie viele Traditionsbewusste, keine logische Erklärung für ihr Handeln außer den Hinweis, ihre Mutter habe das auch schon so gemacht. Kinder sind glücklicherweise noch neugierig, die Tochter fragte ihre Großmutter: „Oma, warum hast Du denn früher den Truthahn in zwei Teile geschnitten?" Die Antwort der alten Dame war entwaffnend einfach, logisch und für Traditionalisten

J. W. Goldfuß, *Selber denken kostet nichts*,
DOI 10.1007/978-3-658-00847-5_17, © Springer Fachmedien Wiesbaden 2013

erschreckend: „Kind, früher gab es noch nicht so große Kochtöpfe wie heute." Sollte man daher nicht gelegentlich seine „Truthahnprozeduren" hinterfragen? Warum nicht eigentlich alles hinterfragen? Die sogenannten „Erfahrenen" verbauen sich nämlich oft mit ihren Erfahrungswerten die Zukunft. Ein Beispiel liefert der Gründer der Meyer-Werft in Papenburg. Er hatte in Amerika etwas gesehen, das ihn faszinierte: Schiffe aus Eisen. Die Idee wollte er auch in den Werften seiner Heimatstadt einführen. Der Prophet im eigenen Land gilt recht wenig, die Papenburger Bürger waren skeptisch. Ein heimischer Reeder warf ein Stück Eisen und ein Stück Holz ins Wasser. Das Holz schwamm, das Eisen ging unter: „Daraus willst du Schiffe bauen?" Doch Meyer hatte ein Ziel vor Augen, gegen alle Skepsis der Erfahrenen wandte er sich vom Holzschiffbau ab und verschrieb sich dem Eisenschiffbau. Die Werft blüht heute noch, im Gegensatz zu den Werften vieler Holzschiffbauer, die mit ihrer Tradition und Erfahrung untergingen.

Um auf den Anfang des Kapitels zurückzukommen: Etwas wird nicht wahrer, wenn es häufig wiederholt wird. So werden uralte Geschichten von Generation zu Generation weitergegeben und als Wahrheit betrachtet. Wie sich Daten verändern, das kennt jeder vom Spiel „Stille Post". So ähnlich wurde aus der „jungen Frau Maria" die „Jungfrau Maria". Wenn Geschichten aus früheren Zeiten übersetzt werden und absichtlich (damit die Richtung stimmt) oder versehentlich (weil man die Ursprache nicht genau beherrschte) vom Original abweichen, dann sollte sich jeder nach Möglichkeit eine eigene Meinung über den Wahrheitsgehalt eines Textes oder einer Theorie bilden.

17.2   Aliens im Kindergarten

Ein schier endloses Feld für Interpretationsbandbreiten bieten die diversen religiösen Richtungen, egal welcher Couleur. Dabei ist jeder Anhänger selbstverständlich von der Wahrheit und Richtigkeit seines (anerzogenen) Glaubens überzeugt. Wenn man die permanenten Konflikte in der Welt betrachtet, dann stellt man fest, dass in fast allen Fällen divergierende Glaubensrichtungen der Auslöser sind. Dass es sich in Wirklichkeit meist um handfeste wirtschaftliche Interessen handelt, das glaubt keiner der Gläubigen, darüber wird er nicht informiert – und er informiert sich auch nicht selbst. Wer in eine der mehr oder minder eigenwilligen Sekten hineingeboren wird, der wird wohl kaum die zugrunde liegenden Thesen überprüfen oder hinterfragen wollen oder können. Der Gruppendruck sorgt für Disziplin.

Wer allerdings auf der Suche nach einer neuen Heilslehre ist, der kommt häufig vom Regen in die Traufe. Da werden Veranstaltungen angeboten, die ein besseres

Leben oder mehr Erfolg versprechen. Bei anderen wird die Rettung durch Außerirdische versprochen, wenn man sich an die Gebote der Gurus hält. Kritisch wird es dann, wenn solche Verkündigungen mit einem Persönlichkeitstest verbunden sind. Das erweckt zwar den Anschein von Seriosität und wissenschaftlicher Präzision. Jedoch geht es lediglich um das Herausfinden von Schwachstellen, an denen man den Hilfshebel ansetzen kann, um dem Verunsicherten zu helfen, kostenpflichtig, versteht sich. Wer erst einmal in einer solchen Gemeinschaft gelandet ist, dem fällt eines schwer: selber und selbstständig zu denken. Denn wenn er die Geschäftsmodelle der diversen Organisationen beleuchten würde, dann fiele ihm eines auf: Es geht um Abhängigkeiten und Geld. Selbst die traditionellen Kirchen hierzulande fordern Mitgliedsbeiträge, obwohl ein Großteil ihrer Betriebskosten vom Staat übernommen wird.

Wer sich ohne Gruppendynamik über seine Chancen in der Zukunft informieren will, der greift am besten zum Hörer und lässt sich von einem oder einer am Bildschirm bedeutungsvoll schauenden Person die Karten legen oder in die Sterne gucken. Für einen mehr oder minder kleinen Obolus erfährt man dann, wie es sein könnte – oder auch nicht. So versicherte eine Astrologin im TV einer verzweifelten Anruferin, deren Wellensittich vor ein paar Tagen entflogen war, sie sehe den Vogel ganz deutlich, er komme aber nicht mehr zurück. Bewundernswert, solche seherischen Gaben. Man weiß nach derartigen Beratungen dann zwar auch nicht mehr als vorher, ist aber auf einer höheren Ebene verwirrt. Die weisesten Propheten äußern sich erst hinterher. Selber denken hätte zum selben Ziel führen können – kostenlos.

Da sich viele das Denken sparen, werden sie zum lohnenden Opfer gut organisierter Gehirnwäsche. Am anfälligsten sind Menschen in einer Krise, die nach Sinn suchen, die erfolgreich werden wollen, die gerade eine Trennung vom Partner erlebt haben. Ihnen wird Geborgenheit vermittelt, das Gefühl, zu einer Gruppe zu gehören. Dann wird ihnen klar gemacht, dass sie ohne die Gruppe nicht weiterkommen, sie werden wie im Kindergarten behandelt. Sie müssen sich an strikte Regeln halten und werden bei Verstößen in irgendeiner Form bestraft. Nun beginnt die schleichende Veränderung im Kopf. Alles ist nur schwarz oder weiß, Thesen werden auswendig gelernt, Kritik wird verboten. Wie im Kommunismus: Die Partei hat immer recht. Lachen ist verpönt, denn das Leben ist todernst. Es werden Schuldgefühle erzeugt. Verstöße gegen die Regeln müssen gebeichtet werden. Soziale Kontakte werden kontrolliert oder gar verboten, bis hin zur Partnerwahl. Irgendwann ist der Bekehrte dann so weit, dass er sich ein Leben außerhalb der Organisation nicht mehr vorstellen kann, dass ein Leben außerhalb nicht mehr lebenswert ist.

Er hat es in diesem Fall geschafft, das eigene Denken aufzugeben und andere für sich denken zu lassen. So hatte sich die Natur die Sache mit dem Gehirn eigentlich nicht vorgestellt.

17.3   Horoskope sind billiger

Wenn Sie sich nun die Frage stellen, ob eine Tätigkeit als Guru vielleicht auch für Sie ein interessantes Betätigungsfeld sein könnte, dann werden Ihnen die folgenden Tipps vielleicht weiterhelfen. Es ist nämlich gar nicht so schwer, sich ein paar Stichworte zusammenzureimen und dann eine neue „bahnbrechende" Methode zu entwickeln. So wie sich die vielen Komödienschreiber ihre bezahlten Ratschläge aus den verschiedensten Ecken zusammen basteln, genauso können Sie auch auf dem Markt der mentalen Hilfskräfte mitmischen. Allzu schwer ist das wirklich nicht.

Nehmen Sie einfach einen beliebigen Tag und schauen Sie sich das Wochenhoroskop an. Anhand der Stichworte entwickeln Sie durch Umformulieren und Ausschmücken Ihre Ansätze zum Thema. Die müssen nicht wissenschaftlich fundiert sein, sondern lediglich spektakulär und medienwirksam.

Wassermann In den kommenden Tagen werden Sie von vielen Seiten stark beansprucht. Bedenken Sie, dass Sie es nicht jedem recht machen können.

Ihre Schlagworte Entdecken Sie Ihren Willen zum Leben und die Kraft der Suggestion, erfahren Sie mehr über Ihr verborgenes Genie.

Fische Ihren Wunsch nach Unabhängigkeit in Ehren – aber dennoch sollten Sie bedenken, dass Sie nicht allein auf einer einsamen Insel leben.

Ihre Schlagworte Entdecken Sie die Kraft und Weisheit der eigenen Seele beim Tanzen im Mondlicht gemeinsam mit anderen in einer Atemgruppe mit Bachblüten.

Widder Im Beruf läuft alles wie am Schnürchen, bei Ihren Mitmenschen sind Sie beliebt. Genießen Sie diesen Zustand ganz einfach.

Ihre Schlagworte Gönnen Sie sich eine wohlverdiente Auszeit in einem ausgewählten Wellnesshotel und genießen Sie ein magisches Gesundheitsdreieck aus Wellness, Fitness und mentaler Rückbesinnung auf Ihre inneren Werte

Stier Vor einer größeren finanziellen Anstrengung sollten Sie jetzt gut rechnen. Müssen Sie sich wirklich jeden Wunsch sofort erfüllen?

Ihre Schlagworte Lernen Sie, Geld magnetisch anzuziehen, 17 % mehr Gehalt zu bekommen, einen todsicheren Vermögensplan aufzustellen und alle Ihre finanziellen
Träume zu erfüllen.

Zwilling Ein wenig mehr Rücksichtnahme auf jemanden in Ihrer Umgebung
könnte nicht schaden. Fahren Sie mal Ihre Antennen aus.

Ihre Schlagworte Erfahren Sie, wie Sie Punkte beim anderen Geschlecht sammeln,
wie Sie unwiderstehlich wirken und wie Sie dauerhaft leidenschaftlich sein können.

Schütze Die Dinge stehen gut für Sie, mit Ihrem Schwung reißen Sie andere mit.
Sie können aber nicht ewig auf Hochtouren laufen.

Ihre Schlagworte Entdecken Sie in einer ruhigen Kloster-Atmosphäre das Göttliche
in Ihnen, entdecken Sie durch innere Klarheit, was Sie tatsächlich antreibt und wie
Sie dauerhaften Erfolg erzielen.

Steinbock Sie laufen Gefahr, sich heillos zu verzetteln. Überlegen Sie, was wichtig
und was unwichtig ist. Daran sollten Sie sich orientieren.

Ihre Schlagworte Erfahren sie die 7 Geheimnisse der richtigen Entscheidungen im
Leben und profitieren Sie von der Erfolgreichen der Welt.

Wenn Sie dann Ihre Thesen über Facebook, Twitter, E-Mail oder astrologische
TV-Sendungen vermarkten, dann sind Sie schnell einer der Gurus, bei denen zah-
lende Hilfesuchende die Lösungen finden, auf die sie durch eigenes Denken selbst
hätten kommen können.

Fazit

Religion und Medizin haben eines gemeinsam: Wenn ein Medikament hilft,
sollten Sie es weiter nehmen. Wenn es zu viele Risiken birgt und Nebenwirkun-
gen zeigt, sollten Sie es absetzen. Die Theorien der Erfolgsverkünder stellen sich
meist als Binsenweisheiten heraus: Fastfood für die hungrige Seele. Wie lange
die sättigende Wirkung von Fastfood anhält, lässt sich in den verschiedenen
Filialen amerikanischer Fastfood-Ketten ganz einfach testen.

Nur Nullen sind ohne Ecken und Kanten 18

Wenn Ebenen sich plötzlich kreuzen

Es war schon beinah Kabarett
Was man da hörte klang ganz nett
Doch taten bald die Plattitüden
Die Zuschauer ganz stark ermüden
Der Redner ging dann schnell zu Bett

Die Themen des Kapitels
Stimme, Sprache, Sprachwelt
Wer nicht klar sagt was er denkt – woher kann man wissen, wofür er steht?
Das Risiko eingehen, auch mal unbeliebt zu sein

18.1 Verbal ohne Injurien

Irgendwie gehört es zum guten Ton in unserer Mediengesellschaft, immer nett und freundlich auftreten zu müssen. Sei es bei der übertriebenen, angelernten Freundlichkeit von Mitarbeitern der Call Center oder bei Menschen, die einem etwas verkaufen wollen und sich dabei derart verbiegen, dass es schon mehr als unnatürlich wirkt. Softy mit Smiley. Andererseits ist der barsche militärische Ton so mancher Zeitgenossen ebenfalls unangenehm.

Die richtige Mischung zu finden, den richtigen Ton, die richtigen Worte stimmig mit der eigenen Person rüberzubringen, das kann man lernen. Allerdings erlebt man häufig, dass Menschen nach einem Kommunikationstraining oder einem Rhetorikkurs anders auftreten als vorher, als seien sie auf einer (schlechten) Schauspielschule gewesen.

J. W. Goldfuß, *Selber denken kostet nichts,*
DOI 10.1007/978-3-658-00847-5_18, © Springer Fachmedien Wiesbaden 2013

Dabei kann Kommunikation ganz einfach sein, wenn man einige Punkte berücksichtigt. Es beginnt bei dem berühmten Satz des noch berühmteren Volksmunds: „Der Ton macht die Musik." Jemand mit einer Stimmlage, die jeden Satz wie einen Befehl klingen lässt, der wirkt aufdringlich, eher unsympathisch. Jemand mit einer dünnen Piepsstimme wird kaum gehört und klingt wenig durchsetzungsfähig. Hier können Stimmübungen helfen, die richtige Frequenzlage und Lautstärke einzuüben.

Soweit zur Akustik. Mindestens genauso wichtig ist der Inhalt der Botschaft. Denn es werden häufig Sätze gebildet, die beim Empfänger ganz anders aufgenommen werden. Aus der Transaktionsanalyse wissen wir, dass jeder Mensch drei „Speicher" besitzt, die drei Ichs. Das Kindheits-Ich (KI), das Erwachsenen-Ich (ER) und das Eltern-Ich (EL). Diese drei Ichs sind vergleichbar mit drei Speicherdateien, die zu verschiedenen Zeiten gefüllt werden. Allerdings besitzen wir nur zu einer Datei den direkten Zugriff, nämlich dem Erwachsenen-Ich. Im Kindheits-Ich sind Informationen gespeichert, die wir, beginnend bereits vor der Geburt, bewusst oder unbewusst aufgenommen haben.

Mit dem Ende des Kindheits-Ich beginnt der „Speicher" Erwachsenen-Ich mit der Aufnahme und füllt sich bis zum Lebensende. In diesem Speicher ist alles abgelegt, was wir uns an Wissen und Erfahrung erarbeitet haben. Das Eltern-Ich enthält alle Anweisungen und Informationen, die wir von unseren Eltern übernommen haben.

Nun stelle man sich diese drei Speicher einmal grafisch übereinanderliegend vor, oben das EL, in der Mitte das ER und unten das KI.

Wenn zwei Menschen miteinander sprechen, kommunizieren sie im Normalfall auf derselben Ebene, nämlich vom Erwachsenen-Ich zum Erwachsenen-Ich, kreuzungsfrei.

Wird allerdings vom Eltern-Ich des einen das Kindheits-Ich des anderen angesprochen, dann läuft das Gespräch nicht ganz optimal, vor allem wenn die Antwort des anderen ebenfalls aus dem Eltern-Ich heraus das Kindheits-Ich des Gesprächspartners adressiert. Dann spricht man von einer Kreuzung, das Gespräch läuft Konflikt beladen.

Ein Beispiel: „Können Sie mir sagen, wie spät es ist?" Eine Frage von Erwachsenen-Ich zu Erwachsenen-Ich. Die (unerwartete) Antwort der Gegenseite aus dem Eltern-Ich heraus „Ja, haben Sie denn keine Uhr dabei?", vielleicht noch etwas lautstark mit einem kritischen Blick versehen, kreuzt die ursprüngliche Frage. Die Reaktion des Fragenden: „Ich habe Sie doch anständig gefragt, da können Sie mir doch auch anständig antworten" kann bei der Gegenseite wiederum eine Reaktion von oben herab auslösen. So beginnen Streitgespräche – bis hin zu nonverbalen Reaktionen.

Mit der richtigen Wortwahl lassen sich solche Situationen vermeiden. Ein sehr schönes Beispiel für die richtige Ansprache erlebte ich im Erste–Klasse-Abteil eines Zugs. Mein Gegenüber war aus Versehen dort eingestiegen, er besaß lediglich einen Fahrschein für die zweite Klasse. In der Regel reagieren die Kontrolleure mit einem vorwurfsvollen Blick und dem Satz: „Wissen Sie, dass Sie in der ersten Klasse sitzen?" In Verbindung mit dem Tonfall eines ehemaligen Bahnbeamten eine ganz klare Ansprache vom Eltern-Ich herab ins Kindheit-Ich. Hier aber reagierte der Kontrolleur professionell und angenehm mit einem Lächeln: „Haben Sie auch etwas für die erste Klasse dabei?" Kein Vorwurf, keine Anschuldigung, schlicht und einfach eine Frage. Sensibel gehandhabt und trotzdem zielgerichtet und erfolgreich. Nicht verletzend, keine Verbalinjurien.

Kommunikation kann auch auf der Ebene des Erwachsenen-Ich eigenwillig verlaufen. Der Satz „Ich habe kein Bier mehr" kann alle möglichen Reaktionen hervorrufen, je nach Stimmungslage des Empfängers. „Trink nicht so viel", „Hol dir dein Bier selbst", „Soll ich dir eins holen?", „Alkohol ist ungesund", „Warum sagst du mir das?", „Was erwartest du jetzt eigentlich von mir?" – alle in einer Partnerschaft möglichen Kommunikationsmodelle sind nun denkbar. Warum hat der Dürstende nicht eindeutig seine Erwartungshaltung kommuniziert? Dann wäre die Antwort vielleicht nicht positiv, aber eindeutig ausgefallen.

Wenn in der Sprachwelt des Empfängers die Botschaft übermittelt wird, dürfte es keine Missverständnisse geben. Die Durchsage im Zug bei einem ungeplanten Stopp „Unsere Heißläufererkennung hat einen Heißläufer festgestellt" löste interessante Reaktionen aus, die der um Aufklärung gebetene Bahnmitarbeiter nicht verstehen konnte. Er wusste schließlich, um was es ging und wie lange der Zug deshalb noch stehen bleiben musste. Wir Laien hingegen sahen uns schon im Regen in einen Bus umsteigen. Im Kopf des Empfängers zu denken und in seiner Sprache zu sprechen, das fällt vielen immer noch schwer.

18.2 Lerne reden, ohne etwas zu sagen

So könnte das Motto vieler Politiker, Vorstände und Führungskräfte lauten. Wenn man deren Worthülsen aufknackt, stellt man häufig fest: Es fehlt der Inhalt. Nun wird auf manchen Rhetorikkursen oft genau diese Fähigkeit eingeübt, mit vielen Umschreibungen und Sätzen voller Kommas eine meist unangenehme Botschaft watteweich zu verpacken. Es entstehen dann Satzkonstruktionen, die im verbalen Windkanal glatt geschliffen wurden.

Auf die Frage eines Politikers an einen Kollegen, was er denn gestern zum Thema Rente gesagt habe, antwortete der: „Nichts." Daraufhin sein Kollege: „Das weiß ich, aber wie haben Sie es formuliert?" Satire? Nein, keinesfalls, wenn man sich Debatten in den Parlamenten anhört. Zu Wahlkampfzeiten kann man sich einen Besuch bei den Parlamentariern sparen, denn die politischen Rhetoriker kommen zu den Wählern in die Säle und Gasthöfe vor Ort. Bei der Gelegenheit könnte man doch eigentlich so lange nachfragen, bis man eine zu verstehende Antwort erhält. Aber dann stellt man fest, dass das Wählerpotenzial mittlerweile so pflegeleicht, ebenfalls glatt geschliffen ist, dass es sich unangenehme Fragen verkneift. Man will ja nicht negativ auffallen.

Wer nicht sagt, was er denkt, der darf sich nicht wundern, wenn er falsch verstanden wird.

18.3   Weicheier sind nie hart gekocht

Möchten Sie lieber als pflegeleichtes Etwas oder als eine interessante Persönlichkeit wahrgenommen werden? Wer interessieren will, muss provozieren – ein provozierender Satz. Wenn man auf Sie aufmerksam werden soll, dann müssen Sie aus der Masse der anderen heraus sichtbar werden. Man wird Sie sonst eines Tages wegen Ihrer Bescheidenheit bewundern, falls man jemals von Ihnen hört. Machen Sie sich ruhig einmal unbeliebt, dann werden Sie auch ernst genommen. Ansonsten zählt man Sie zu den weichgespülten Ja-Sagern, als deren Gymnastik das Kopfnicken gilt. Denken Sie doch einmal darüber nach. Sie werden bestimmt bei Ihrer Suche auf Ihr Elternhaus stoßen, auf Ihr Kindheits-Ich und Ihr Eltern-Ich. Auf dieser Suche können Sie sich übrigens von einigen Sekten gegen stattliche Mitgliedsbeiträge begleiten lassen. Dort hilft man Ihnen durch Fragen, verschlossene Schubladen zu öffnen. Die Fragen können Sie sich auch selbst stellen, mit ein bisschen Nachdenken funktioniert das prima. Von dem nun eingesparten Geld gönnen Sie sich ein schönes Wochenende abseits von Ihrem Wohnort und überlegen, wie Sie zukünftig auftreten möchten: weichgekocht oder mit harter Schale (und weichem Kern).

Fazit

Alle Menschen werden als Originale geboren, die meisten sterben aber als Kopien. Sie haben sich angepasst und verbogen, weil sie nie den Mut hatten, eine eigene Meinung zu entwickeln und zu vertreten. Wer nie angestoßen ist, der hat auch nie etwas angestoßen.

Vorwärts auf die Nase

19

Von unten sieht die Welt ganz anders aus

Ein Mensch, der auf die Nase fällt
Verflucht zuerst die ganze Welt
Bis er dann an sich selbst entdeckt
In ihm, da war noch viel versteckt
Und jetzt verdient er noch mehr Geld

Die Themen des Kapitels
Auf die Nase fallen ist auch eine Vorwärtsbewegung
Den Erste-Hilfe-Koffer immer dabei
Die Steilheit der Lernkurve

19.1 Die Planbarkeit der Fallhöhe

Trotz allem positiven Denken und Pläneschmieden passiert immer wieder Un-vorhergesehenes im Leben. Sei es eine Krankheit, ein Unfall, der Verlust der Arbeitsstelle, nichts ist unmöglich. Plötzlich sieht die Welt anders aus. Solange alles problemlos nach Plan läuft, fühlt sich mancher als Held des Alltags: Heldentum in Abwesenheit des Feindes. Bei schönem Wetter kann jeder segeln.

Nun aber kommt eine Situation, mit der man nicht gerechnet hat. Man hatte sich noch nie einen Plan B überlegt für den Fall der Fälle. Ist die statistische Le-bensmitte überschritten, tut man sich erfahrungsgemäß eher schwer mit der neuen Situation. Jetzt aber zeigt sich die Einstellung zum Leben und zu sich selbst. Wer nun hofft, dass sich seine Situation ändert, der wird enttäuscht. Hoffen ist keine aktive Tätigkeit. Wer jetzt jammert über seine Situation, der will nichts ändern, denn Jammern ist leichter als Handeln.

J. W. Goldfuß, *Selber denken kostet nichts*,
DOI 10.1007/978-3-658-00847-5_19, © Springer Fachmedien Wiesbaden 2013

Wer allerdings seine neue Situation aktiv angeht nach dem Motto „Mit mir nicht" oder „Jetzt erst recht", der ist bereits einen ganzen Schritt weiter. Wer sich dagegen als Verlierer im Leben fühlt, der hat schon verloren. Die Qualität eines Stehaufmännchens zeigt sich erst nach dem Umfallen. Derjenige, der liegen bleibt und darauf hofft, dass ihm jemand auf die Beine hilft, kann lange warten.

Viele sind bitter enttäuscht, wenn sich ihre Pläne zerschlagen haben. Haben sie in ihrer Planung zu hoch gepokert, werden sie jetzt von der Fallhöhe überrascht. Wer allerdings in der neuen Situation die Chance sieht, etwas anderes zu machen, der entdeckt auch Wege, die ihm vorher verborgen waren. Es geht nicht darum, sich eine heile Welt vorzugaukeln, sondern realistisch die Situation zu beurteilen, ohne sich falsche Hoffnungen zu machen. Man kann nicht erwarten zu gewinnen, solange man nicht weiß, warum man verliert. Dieser Satz aus dem Sport gilt nun bei der Analyse der Situation. Mit jedem Rückschritt ist man ein Stück weiter gekommen auf seiner Lernkurve.

Viele haben einen solchen Bruch in der Lebensplanung und Karriere erfolgreich zum Start in eine neue Richtung genutzt. Sie haben sich aber nicht von Sprüchen wie „Du schaffst alles, wenn du es nur willst" irreführen lassen. Wer über genügend Selbstbewusstsein verfügt, der benötigt keine unrealistischen Bla-Bla-Sprüche. Der weiß, dass sich seine Situation durch Worthülsen nicht verbessert.

19.2 Der Erste-Hilfe-Koffer im Gepäck

Die Frage lautet jetzt, was Sie in Ihrem Erste-Hilfe-Koffer verstauen müssen. Wer kann Ihnen nun tatsächlich weiterhelfen? Wer in Ihrem Netzwerk kann Ihnen realistische Tipps und Kontakte vermitteln? Nun zahlt sich nämlich aus, welche (sinnvollen) Kontakte man besitzt und gepflegt hat. Wer sich dann die Fragen stellt, die ihn weiterbringen, der ist schon auf dem richtigen Weg.

Fragen könnten zum Beispiel sein:

Bin ich tatsächlich offen für Neues?
Wie komme ich mit schwierigen Situationen klar?
Bin ich ein Teamplayer oder ein Einzelkämpfer?
Bin ich bereit, mich ständig weiterzubilden?
Kann ich meine Meinung gut und verständlich kommunizieren?
Weiß ich, was ich will und was ich nicht will?
Besitze ich Einfühlungsvermögen in andere Menschen und andere Situationen?
Wie komme ich mit Niederlagen klar?
Wie sehen mich andere?

Kann ich Kritik so ausdrücken, dass es meinem Gegenüber leicht fällt, sie zu akzeptieren?

Kann ich mich gegenüber anderen gut behaupten?

Kann ich Fehler bei mir und bei anderen akzeptieren?

Kann ich Kritik annehmen?

Übernehme ich gerne Verantwortung?

Bin ich belastbar?

Rege ich mich schnell auf?

Bleibe ich in kritischen Situationen ruhig und gelassen?

Kann ich schnell und problemlos Kontakte knüpfen?

Kann ich mich gut auf andere einstellen?

Kann ich fünf auch mal gerade sein lassen?

Kann ich mich schnell entscheiden?

Probiere ich gerne Neues aus?

Bin ich auch unter Druck noch erfolgreich?

Kann ich nach der Arbeit abschalten?

Bin ich kreativ?

Kann ich mich entspannen?

Ärgere ich mich schnell – und worüber?

Welche Fremdsprachenkenntnisse besitze ich?

Komme ich auch mit weniger (Geld, Anerkennung, Status) aus?

Kann ich über mich selbst lachen?

Die meisten Fragen hat man sich in dieser Form meist noch nie gestellt. Nun aber ist der Zeitpunkt für einen Blick in den Spiegel gekommen.

19.3 Gurus goldene Luftblasen

Die folgende Sammlung goldener Worte stammt aus Uwe Peter Kannings Buch „Wie Sie garantiert nicht erfolgreich werden!"

Zuerst geht es um Geist und Bewusstsein:

Materie folgt dem Geist!

Nur was gedacht wurde, existiert.

Ich weiß, dass ich morgen erfolgreich bin!

Mein heutiger Zustand ist das Ergebnis meines bisherigen Denkens. Deshalb denke ich heute positiv, um morgen noch erfolgreicher zu sein.

Meine wichtigste Aufgabe ist es, mein Bewusstsein zu erweitern!

Ich gehe ab sofort an neue Aufgaben nur noch mit einer positiven „Denke" heran!

*Ab sofort spricht meine „innere Stimme" zu mir: „Mein lieber. . . , du schaffst es!"
Ich bin stolz auf mein bisheriges Leben und bin morgen noch stolzer auf mich –
ganz bestimmt!
Erfolg oder Misserfolg ist das Ergebnis des Denkens.
Ich bin erfolgreich!*

Nachdem man sich auf eine höhere Euphoriestufe katapultiert hat, geht es weiter
mit den Losungen des Tages:

*Ein positiver Tag beginnt.
Dieser Tag hält unendlich viele Chancen für mich bereit.
Heute beginnt meine erfolgreiche Zukunft.
Heute beginnt ein neuer, noch schönerer Lebensabschnitt.
Heute ist ein schöner Tag. Ich freue mich, dass ich lebe.*

Wahre Begeisterungsstürme lösen dann die nächsten Mantras aus:

*Begeisterung ist Glaube an die eigenen Fähigkeiten.
Begeisterung macht aktiv.
Begeisterung hilft durchzuhalten, die Ziele zu erreichen.
Begeisterung verändert das Leben.
Begeisterung überwindet das Negative.
Begeisterung zieht an.
Begeisterung vergrößert Begeisterung.
Begeisterung ist der Schlüssel, der Ihnen Türen öffnet.
Begeisterung reißt Menschen mit.
Begeisterung zeigt Ihre Persönlichkeit.
Begeisterung ist wie ein Schneeball.
Begeisterung lässt keine Langeweile aufkommen.
Begeisterung verleiht Glanz.
Begeisterung ist wie der Venusstern: klar, hell, deutlich, sichtbar.
Wer andere Menschen begeistern kann, dem werden sie gern und freiwillig folgen.*

Und dann noch ein paar weitere Tipps fürs Leben:

*Geben Sie sich positiv und liebenswürdig.
Strahlen Sie Verständnis und Toleranz aus.
Reagieren Sie mit Humor.
Streiten Sie nicht, auch wenn Sie anderer Meinung sind.
Gewinnen Sie allem die besten Seiten ab.
Hören Sie mit Begeisterung zu.
Überbringen Sie keine negativen Botschaften.*

Soweit die Tipps, die den kritischen Betrachter an heiße Luft erinnern.

Gerade beim letzten Tipp ist die Realitätsferne der Ratgeber nicht zu übersehen. Wie soll der Arzt dem Todkranken die negative Botschaft überbringen? Etwa: „Freuen Sie sich, Sie haben noch zwei ganze Tage zum Leben, machen Sie das Beste draus." Oder der Vorgesetzte, der eine Kündigung aussprechen muss: „Ich glaube, woanders haben Sie größere Freiheiten und Chancen." Oder der Lehrer, der dem Sitzengebliebenen erklärt, dass er sich jetzt alles noch einmal in Ruhe anhören darf. Noch schwieriger wird es für den Polizisten, der der Frau des tödlich Verunglückten mitteilt: „Sie haben jetzt die Chance auf einen neuen Partner."

Wer mit diesen geldwerten Guru-Tipps nichts anfangen kann, dem ist wirklich nicht mehr zu helfen. Es sei denn, er denkt selber nach.

Fazit

Wenn Sie nach der Lektüre dieses Buchs auf weitere Guru-Ratschläge verzichten, dann haben Sie zwischen 100 und 1.800 Euro Blender Gebühren gespart. In dieser Preisspanne bewegen sich die Eintrittsgelder für Motivationsveranstaltungen, je nach PR-Wert des Redners. Ganz nebenbei konnten Sie sich durch die Lektüre des Buchs noch eine eigene Meinung über sich und Ihre Fähigkeiten bilden. Vor allem haben Sie einen wichtigen Menschen näher kennengelernt, dem Sie letzten Endes voll vertrauen können – nämlich sich selbst.

Quellen und Links

„Die Logik des Mißlingens – Strategisches Denken in komplexen Situationen" Dietrich Dörner, rororo

„Wer sich nicht führt, der wird verführt – 49 goldene Tipps zum (Über-)Leben" Jürgen W. Goldfuß, junfermann Verlag

„Gurus, Meister, Scharlatane – Zwischen Faszination und Gefahr" Reinhart Hummel, Herder

„Wie Sie garantiert nicht erfolgreich werden! – Dem Phänomen der Erfolgsgurus auf der Spur" Uwe Peter Kanning, Pabst Science Publishers

„Denken Sie negativ – Unterdrücken Sie Ihren Ärger und geben Sie anderen die Schuld!" Paul Pearsall, Weltbild Taschenbuch

„Der Weg zur finanziellen Freiheit – In sieben Jahren die erste Million" Bodo Schäfer, Campus

„Positives Denken macht krank – Vom Schwindel mit gefährlichen Erfolgsversprechen" Günter Scheich, Eichborn

„Ausgetickt" Lothar Seiwert, Ariston

http://www.agpf.de und vieles, was Google zum Thema lieferte

J. W. Goldfuß, *Selber denken kostet nichts*, 115
DOI 10.1007/978-3-658-00847-5, © Springer Fachmedien Wiesbaden 2013

The manufacturer's authorised representative in the EU is Springer
Nature Customer Service Centre GmbH, Europaplatz 3, 69115 Heidelberg,
Germany. If you have any concerns regarding our products, please
contact ProductSafety@springernature.com

Printed and bound by CPI Group (UK) Ltd, Croydon, CR0 4YY
27/04/2026
02097641-0001